人性化的城市

[丹麦]扬·盖尔　著
欧阳文　徐哲文　译

中国建筑工业出版社

著作权合同登记图字：01-2010-3670 号

图书在版编目（CIP）数据

人性化的城市 /（丹麦）盖尔著；欧阳文，徐哲文译．—北京：中国建筑工业出版社，2010.6（2021．2重印）
ISBN 978-7-112-12102-1

Ⅰ．人… Ⅱ．①盖…②欧…③徐… Ⅲ．城市规划－建筑设计 Ⅳ．TU984

中国版本图书馆 CIP 数据核字（2010）第 088888 号

责任编辑：董苏华
责任设计：赵明霞
责任校对：陈晶晶

人性化的城市
[丹麦] 扬·盖尔 著
欧阳文 徐哲文 译
*
中国建筑工业出版社出版、发行（北京西郊百万庄）
各地新华书店、建筑书店经销
北京嘉泰利德公司制版
北京建筑工业印刷厂印刷
*
开本：787×1092 毫米 1/16 印张：16¾ 字数：424 千字
2010 年 6 月第一版 2021 年 2 月第八次印刷
定价：99.00 元
ISBN 978-7-112-12102-1
(19383)

目　录

序

理查德·罗杰斯

城市是人们聚会、交流思想、购物，或者简单放松和享受自我的场所。一座城市的公共领域——街道、广场和公园——都是提供这些活动的舞台和催化剂。扬·盖尔是公共空间设计研究的老前辈，对如何运用这个公共领域有着深刻的理解和领会，同时给我们提供所需要的工具，以求提高公共空间的设计，进而提高城市中我们生活的品质。

紧凑型城市——围绕着公共交通、步行和自行车交通而和谐的发展起来——是唯一从环境上追求可持续形式的城市。然而，对于人口密度的增加和步行与自行车交通的广泛分布，一座城市必须增加公共空间的数量，提高公共空间的品质，而这些具备了良好布局的美丽的公共空间都是符合人性化尺度的、可持续的、健康的、安全的且充满活力的。

城市——如同书一样——是能够被读懂的。扬·盖尔深谙并熟知其中的语汇。街道、步行路、广场和公园都是城市的语法；它们提供这样的结构，不仅能使城市充满活力而且能使城市鼓励和容纳多样性的活动，从安静的、冥想的一直到嘈杂的、忙碌的。一座人性化的城市——拥有着精细设计的街道、广场和公园——不但为参观者和路过的人创造了快乐，而且还为每日到那里生活、工作和游玩的人带来了愉悦。

每个人都有着轻松进出开放空间的权利，就如同人们有权享受清洁水一样。每个人都应能够看到其窗外的一棵树，或是能够坐在自家近前的凳子上休息，周围有供孩子们玩耍的空间，或是能够步行十几分钟就到达一个公园。具有良好设计的居住小区会给居住在那里的人们带来鼓舞与信心，而拙劣设计的城市则是对市民的摧残。正如扬所说："我们塑造城市，同时城市塑造我们。"

扬·盖尔对公共空间与市民社会之间的关系有着惊人的洞察，对这两者之间相互纠结的关系有着令人惊叹的理解。他对城市空间形态学及其运用的探究所达到的深度和广度，目前无人能及。任何人读了这本书，都会获得有价值的洞见。

里弗赛德的罗杰斯男爵
英国女王授予的荣誉侍从、爵士（CH.Kt）
英国特许设计师协会会员（FCSD）
英国皇家建筑师学会会员（FRIBA）
理查德·罗杰斯2010年2月于伦敦

前 言

扬·盖尔

我于 1960 年毕业后就成为一名建筑师，这意味着我一直对城市发展的关注到今天已有 50 年了。尽管毫无疑问这已是一种莫大的荣幸，但这段旅途一直都是动荡不定的。

城市规划和发展的方式在半个世纪的时间跨度中已发生了显著的变化。在大约 1960 年之前遍及全世界的城市都主要是在几百年积累的经验的基础上发展起来的。城市空间中的生活就是这些丰富经验的至关重要的组成部分，并且“城市是为人而建的”被认为是理所当然的。

为了跟上欣欣向荣的城市发展的步伐，城市开发的任务则是由专业规划师所承担并起着主导作用。理论和思想体系开始替代了传统作为发展的基础。现代主义将城市视为由功能将其各部件独立分开的一个机器，这种观念变得具有高度的影响力。另外一个新的群体，交通规划师，带着他们关于如何确保汽车交通达到最佳状态的思想与理论，也逐渐登台亮相了。

无论是城市规划师还是交通规划师都没有将城市空间与城市生活置于其议事日程之上，而且多年来几乎没有任何关于有形的物质结构如何影响人之行为的知识出现。因此，这种关于城市中人的作用的规划所产生的猛烈影响直至后来才被人认识到。

总的看来，经历了过去的 50 年，城市规划是有问题的。未被普遍认识到的是城市生活从沿袭继承的传统中移走了，从而成为一个至关重要的城市功能。这种变化就要求专业人士加以考虑并且进行精心的规划。

多年之后的今天，有关自然物质形态与人的行为之间联系的大量知识已经积累起来。我们拥有更广泛全面关于什么能被做和什么应被做的信息。同时城市及其居民也变得非常主动地呼吁以人为本的城市规划。近些年全世界范围的许多城市已经作出了认真的努力以实现人性化美好城市的梦想。在忽视多年之后，许多令人鼓舞的方案和具有远见卓识的城市策略指点了新的方向。

现在普遍认为城市生活和城市空间中对人的关注必须在城市与建成区的规划中起到重要作用。不仅多年这部分是处于管理不善的状态，而且到现在也才被意识到：如何对城市中人的关心是成功获得更加充满活力的、安全的、可持续的且健康的城市的关键；这是 21 世纪追求的具有重要意义的所有目标。

这是我的希望，就是希望本书能够为这个重要的新方向做出微不足道的贡献。

这本书由于有了一支具有较强能力和远大目标的团队的密切合作才有了今天，与他们在一起工作是愉悦且鼓舞人心的。我想对 Andrea Have 和 Isabel Duckett 表达我最衷心的感谢，感谢于他们对图片编辑和图文排版的帮助；感谢 Camilla Richter、Friis van Deurs 在图表和插图上的帮助；感谢 Karen Steenhard 将本书由丹麦文译成了英文，同时最后但当然不是最少的对 Birgitte Bundesen Svarre，一位项目经理的感谢，他以坚定、温和的方式指导着作者，指挥着这支团队和这个项目。

我的感谢还要给予扬·盖尔建筑师事务所，它提供了空间与帮助，特别在许多插图说明上的帮助。多谢那里众多的朋友，研究同事们和来自全世界慷慨提供照片的摄影师们。

我想要感谢 Solvejg Reigsted、Jon Pape 和 Klaus Bech Danielsen，他们对内容和编辑的建设性的批评。也非常感谢 Aarhus 建筑学院的 Tom Nielsen，在项目的每个阶段都提出了认真且具有建设性的建议。

对于伦敦的理查德·罗杰斯（Richard Rogers）勋爵，热忱地感谢他为本书撰写的序和有价值的介绍。

更具深远意义的感谢要给予 Realdania 基金会，它激励着这个项目的实施并在财政上给予了支持。

最后，最诚挚地感谢我的妻子、心理学家 Ingird Gehl，已在 20 世纪 60 年代初就指出我的兴趣应放在对形式与生活之间相互作用的关注上，并认为它是一个好建筑至关重要的前提条件，她还谨慎地指出这个特殊领域需要更多的同情和未来岁月中的大量研究。在所有共度的岁月中，Ingrid 已经给予了无尽的同情，不仅对总的奋斗目标，而且对我都有了透彻的观察和了解。深深地感谢她。

扬·盖尔

哥本哈根，2010 年 2 月

P

第1章

人性化维度

EZGI BUFE
CİFSAN

1.1
人性化维度

人性化维度 *——被忽视、忽略，逐步退出

*the human dimension——人性化维度，本书指城市中有利于人们行走、站立、坐下、观看、倾听及交谈的维度。——译者注

几十年来人性化维度一直被忽略，且非常错误地阐述着城市规划主题。然而许多其他问题，如汽车交通的火速上升，却已强烈地成为焦点。另外占主导地位的规划思想——尤其是现代主义——已特别将公共空间、步行活动和作为城市居民的聚会场所的城市空间置于非常次要的位置上。最后，市场推动和相关的建筑潮流逐渐地将注意力从城市的互动关系和公共空间上转至单体建筑上了，在这个过程中单体建筑已变得日益孤立、闭关自守且蔑视一切。

几乎所有城市的共同特征——在不考虑全球的区位特点，经济的可变性和发展的阶段的情况下，仍在大量地使用城市空间的主体人日益受到恶劣对待。

被限制的空间、障碍物、噪声、污染、事故的危险和普遍不受尊敬的境遇，是绝大多数世界城市中城市居民的典型体现。

这种事态的转变不仅降低了步行活动作为一种交通形式的可能，而且使城市空间的社会与文化功能处于四面楚歌的境地。城市空间的传统功能，如作为聚会场所和城市居民的社交广场都已被弱化、受到威胁或者逐步退出。

生与死的问题——50 年间

自从美国记者和作家简·雅各布斯（Jane Jacobs） 于 1961 年出版了她最具影响力的《美国大城市的死与生》一书以来，已有几乎 50 年了。[1] 她指出汽车交通的剧烈增长和现代主义的城市规划思想（分离城市功能且强调独立的单体建筑）是如何将城市空间与城市生活置于一端而不顾的，从而导致了缺乏人气的无活力城市。她还有说服力地描述了生存的品质和享受充满活力的城市的快乐，从她曾生活过的纽约格林尼治村的风景明信片中就可看到。

简·雅各布斯是第一位强烈呼吁在我们建造城市的方式上要有决定性的转变的人。首次在人类作为居住者的历史上，城市不再被建作城市空间与建筑的聚合体，而是作为单个建筑。同时萌生出来的汽车交通有力地挤压着城市空间之外的剩余的城市生活。

现代主义者拒绝城市与城市空间，将其关注点转向了单体建筑。1960年之前这种思想成为主导，并且其原理持续影响着许多新城区的规划。如果建筑师被要求从根本上就降低建筑之间的生活的话，那么他们不可能找到更加有效的方法，除了运用现代主义规划原理。照片来源：塔比（Taby），瑞典；墨尔本，澳大利亚；努克（Nuck），格陵兰。

前进无论成败与否

从1961年以来的这50年间，许多研究者与城市规划理论家们在有关城市的生与死的讨论中作出了积极的研究和论证。许多新的知识得到了积累。

不仅从规划原理的角度，而且从交通规划的角度，有价值的进步在实际的城市规划中也有所获得。特别是在近几十年间，许多城市区域（世界的）在努力地通过弱化汽车交通的优势地位，为步行活动和城市生活创造更好的条件。

此外主要在近几十年间，特别是在新城和新的居住区的创造中，出现了许多有趣的从现代主义城市规划思想中产生出来的分歧。幸运的是，对具有建造动态的混合功能的城市区域的兴趣增加了，远远超过了对仅仅建造独立的单体建筑的聚合体的兴趣。

在过去的50年间，交通规划已有了相应的发展。交通设施

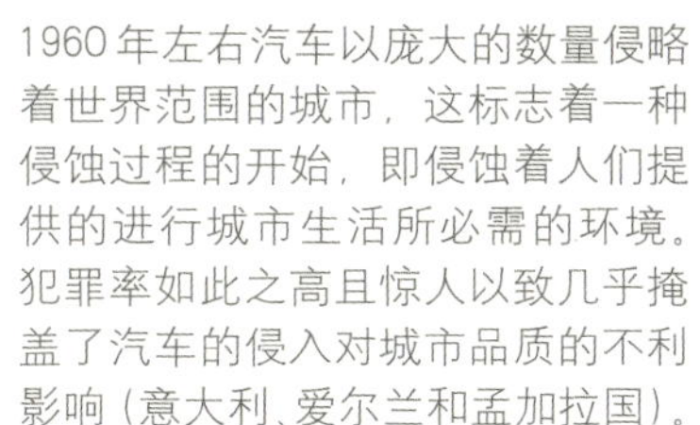

1960年左右汽车以庞大的数量侵略着世界范围的城市，这标志着一种侵蚀过程的开始，即侵蚀着人们提供的进行城市生活所必需的环境。犯罪率如此之高且惊人以致几乎掩盖了汽车的侵入对城市品质的不利影响（意大利、爱尔兰和孟加拉国）。

也被做得更具识别性。交通安静化(traffic calming)的原理被引入，同时许多交通安全台阶被采用。

然而，汽车交通的增长是爆炸性的，而且尽管世界的一些地方对这些出现的问题都进行了处理，但在其他国家问题则更为突出。

需要更大的努力

不管汽车的大量使用带来的负面倾向如何，仍然有一些积极的发展可以在1960年左右找到，以作为对城市生活缺乏关注的一种反应。

可以聊以自慰的是，主要在世界经济发达的地方，进步和提高都能被看到。然而，在许多情况下，繁荣富裕的小国度也已采纳了现代主义思想，作为新城区和市中心高层建筑内向封闭布局的起点。在这些大胆建设的新城中，人性化维度根本没有被真正列在议事日程上，不仅现在而且更早。

在发展中国家，人性化维度所遭遇的状况是相当复杂和严重的。绝大多数民众被迫集中使用城市空间进行许多日常活动。但是例如当汽车交通急剧增长的时候，城市空间的竞争相应加剧了。城市生活和步行活动的条件也已变得逐年减少。

人性化维度——必要的新的规划尺度

千禧年不久历史上首次绝大多数的全球人口成为城市人口而非农村人口。城市快速发展，而且城市增长在未来几年内不断加速。对规划和优先性的设想，新的和现有的城市一样都将不得不作出重要的改变。未来的关键目标必须是关注使用城市的人的更大的需求。

这是本书中强调城市规划的人性化维度的背景。城市必须鞭策城市规划师和建筑师加强步行体系作为一种一体化的城市政策，以发展一个充满活力的、安全的、可持续的且健康的城市。同样急需的是要增加城市空间的社会职能，即聚会场所功能，为达到社会可持续和开放民众的社会目标而作出贡献。

目标：充满活力的，安全的，可持续的且健康的城市

在 21 世纪初，我们能看到几个新的全球挑战的轮廓，强调了以人性化维度为更深远目标的重要性。对成功获得充满活力的，安全的，可持续的且健康的城市的憧憬已成为一种普遍的、迫在眉睫的理想。所有这四个重要目标——充满活力的、安全的、可持续的、健康的——能够通过提供对步行人群的、骑车人和城市生活的总体关注，而达到不可估量的巩固与加强。统一的全市范围的政策干预以确保城市居民被吸引来进行尽可能多的步行和骑车，与其日常活动相关联就是达到这些目标的强有力的巩固与加强。

一个充满活力的城市

当更多的人被吸引在城市空间中进行步行、骑车和逗留的时候，一个充满活力的城市的潜能就被强化出来。在公共空间中生活的重要性，特别是社会和文化生活的可能性以及与充满活力的城市相关的吸引点将在未来部分加以讨论。

一个安全的城市

当更多的人在城市空间中游走和逗留的时候，一个安全的城市的潜能就会被得到强化。一个吸引人们步行的城市必须通过界定才拥有一个合理的、有凝聚力的结构，以提高短捷的步行距离，具有吸引力的公共空间和多样化的城市功能。这三个要素增加了城市空间内部和周围的活动和安全感。沿街有了更多的眼睛并且有了更大的动机来注视发生在住宅和建筑周围的城市中的活动。

一座可持续的城市

一般的，如果交通系统的绝大部分能够作为“绿色移动”而发生，即通过步行、骑车或公共交通进行的话，可持续的城市就被加强。这些形式的交通提供了对经济和环境的显著益处，降低了资源消耗，限制了排放，并降低了噪声标准。

另一个重要的可持续性方面就是，如果使用者觉得步行或骑车、公共汽车、轻轨和火车安全舒适的话，那么公共交通系统的吸引力就会猛增。良好的公共空间和一个良好的公共交通系统恰恰就是同一硬币的两个面。

一个健康的城市

如果步行或骑车能够成为正常的日常活动方式的一部分的话，一个健康的城市的愿望就可得到引人注目的强化。

我们看到公共健康问题在快速增加，因为伴随着汽车提供了门对门的交通，世界许多地方的大部分人群已经变得习惯于久坐。

诚心诚意的邀请将步行和骑车作为日常生活的正常且有机的要素，这必定是统一的健康政策不可争辩的一部分

四个目标——一个政策

总而言之，对城市规划的人性化维度关注的增加，反映了对追求更加美好的城市品质的一种明确的、强烈的需求。在为城市空间中的人的改善和追求充满活力的、安全的、可持续的且健康的城市的梦想之间有着直接的联系。

与其他社会投资相比——特别是健康保健成本的投入和汽车基础设施的投入——其中人性化维度的成本投入太微不足道了，以至于如果不考虑发展地位和财政能力的情况，全世界的城市在这个领域的投资都将是可能的。在任何情况下，关心与周全的考虑将是重要的投资，并且利益是巨大的。

创造一个充满活力的、安全的、可持续的、健康的城市是纽约城从2007年开始的城市计划的最高目标。[2] 曼哈顿百老汇的一条新的自行车道和拓宽的人行道（建于2008年）。[3]

道路越多——交通越多，道路越少——交通越少

汽车交通产生百年之后，道路越多则交通越多的观念与思想被公认为是一种事实。在中国上海和其他主要城市中，道路越多的确意味着交通越多和拥挤越多。

1989 年地震之后，当旧金山宽阔的 Embarcadero 高速路被关闭时，人们很快适应了其交通行为而且剩余的交通也找到了其他路线得以解决。今天 Embarcadero 已成为一条友好的林荫大道，道路两侧树木茂盛，有轨电车穿行其间，为城市生活和骑车人提供了良好的环境条件。

2002 年伦敦出台了道路拥挤费，这意味着驶入内城的规定区域是要付费的。从那时起，拥挤费就带来了小汽车交通的急剧下降。收费区域后来向西扩展，目前几乎涵盖了 50km² 的范围。[4]

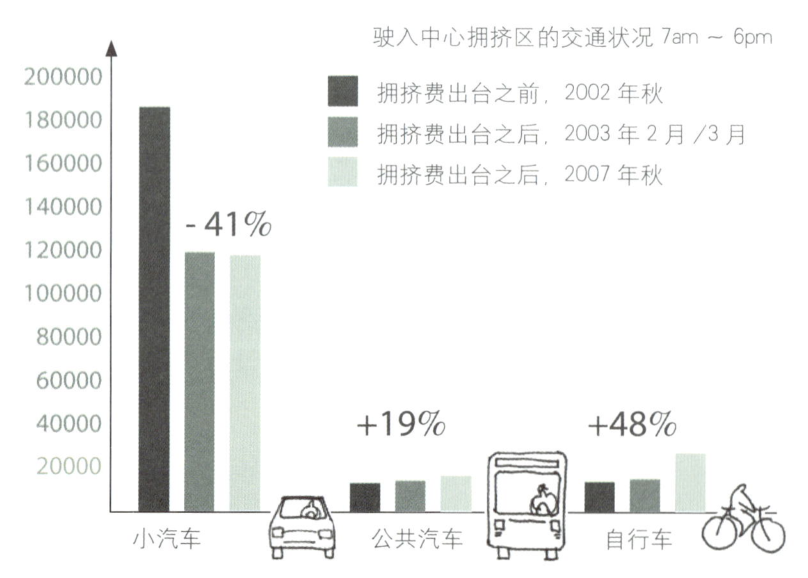

1.2
我们首先塑造城市——而后城市塑造我们

城市规划和功能模式——邀请的问题

如果我们回顾一下城市的历史，就能够清楚地明白城市结构和规划影响着人的行为和城市运行的方式。罗马帝国的殖民城镇具有其固定的和编组管辖的布局：主要街道、广场（市场）、公共建筑和兵营，一种加强其军事作用的程式化布局。中世纪城市的紧凑结构，伴有短捷的步行距离，广场和市场支撑着其贸易和手工业中心的功能。在1852年之后的岁月中，奥斯曼的对巴黎的谋略性的城市改造，尤其是宽阔的林荫大道，有助于对人的军事上的控制，而且提供了一种特殊的“林荫大道文化”的平台，从而萌生出城市的宽阔的街道两侧的散步场所和咖啡馆生活。

道路越多——交通越多

在邀请和行为之间的联系成为20世纪的城市的首要部分。在致力于解决小汽车交通日益增长的问题中，所有可用、可获得、可利用的城市空间都被简单地填满了移动和停泊的小汽车。每座城市对所有允许的空间都准确地、精打细算地尽可能填满小汽车。每当遇到这种情况，就会通过建造更多的道路和停车车库以缓解交通压力，种种努力又产生了更多的交通和多余的拥挤。几乎各处的小汽车交通流量或多或少都是随机的任意的，依赖于所使用的交通设施。由于我们总是能够寻找到新的方式以增加我们小汽车的使用，所以修建额外的道路就是对购买和推动更多小汽车的一种直接性的邀请和欢迎。

道路越少——交通越少吗？

如果更多的道路意味着更多的交通，那么如果减少了小汽车而非增加小汽车，情况又如何呢？1989年的地震造成了连接旧金山市中心的一条重要主动脉的严重破坏，这条沿海湾的交通流量很大的Embarcadero高速路不得不关闭了。这样一条连接市中心的具有重要意义的交通线路一瞬间就移去了。但是在重建规划还未从绘图板上下来之前，十分明显，城市在没有它的情况下照样运行得很好。使用者很快就适应了新的情形下的交通行为，并且代替了被损坏的双层快速路。今天才有了一条城市林荫路，有轨电车穿梭其间、两侧配有行道树和宽阔的步行道。在随后的几年间，旧金山在不停地将快速路变成平静祥和的城市街道。在俄

下图：哥本哈根上下班的状况（2008 年）

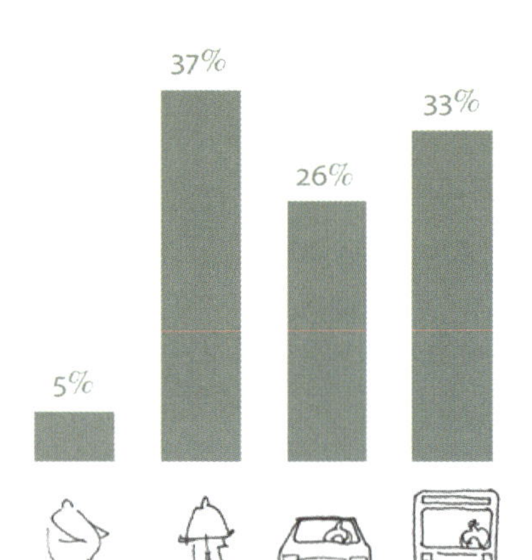

20000
15000
10000
5000
1970 1975 1980 1985 1990 1995 2000 2005

2005 年，在高峰时段，更多的自行车出入于哥本哈根内城

许多年哥本哈根已经吸引了更多的自行车交通。现在良好的自行车道路网提供了安全、有效的、可供选择的交通系统。到 2008 年骑车人占上下班人数的 37%。其目标是要达到 50%。[5]

独特的自行车文化的发展是哥本哈根多年来努力邀请民众骑车出行而得到的具有重要意义的结果。骑车出行已成为社会各界日常活动模式的重要部分。每日超过 50% 的哥本哈根人骑车出行。[6]

勒冈波特兰，威斯康星，密尔沃基，韩国首尔，那里肢解了大型的道路系统，减少了容量和交通量。

在 2002 年，伦敦设定了驶入市中心的汽车的道路价格。这种新出台的“拥挤”费的直接效果就是在 $24km^2$ 的中心城区交通流量减少了 18%。随后几年在这个区域内，交通量一旦再增加，费用就会从 5 英镑调至 8 英镑，交通量就再一次得到降低。这种费用提出了一种邀请，即告知来往市中心的车辆进入了一个保护区。汽车交通量减少了，同时交通费则用以提高与改善公共交通系统，到目前为止带来了更多的乘客。这种功能模式已经改变了。[7]

更好的骑车环境——更多的骑车人

哥本哈根在这几十年间重新构建了它的街道网络，按照精心考虑的步骤将机动车路和停车场移走，从而创造了更好和更安全的骑车交通环境。年复一年，骑车的城市居民越来越多。整座城市现在被高效、便利的自行车交通系统服务着，并且与步行道和机动车道有道牙分隔。城市十字路口处有涂以蓝色的自行车过街路线，还有为自行车设计的特殊交通灯，即在汽车被允许启动行驶前的 6 秒变成绿灯让其先行，使得在市内骑车很安全。简而言之，诚心诚意的邀请已经扩展到骑车人群，而且在使用模式中清楚地反映了这个结果。

1995 ~ 2005 年间，自行车交通成倍增长，2008 年的统计显示 37% 的个人上下班交通和教育机构都是通过自行车进行的。目标就是要在未来几年大大地提高这个百分数。[8]

因为骑车环境和条件的改善，新的自行车文化正在出现。儿童和年长者、商业人员和学生、带着年幼儿童的家长们（父母们）、市长们和皇室成员都骑上了自行车。城市中骑车已经变成可能的

在纽约全面提高骑车出行的可能性始于 2007 年。照片展示出曼哈顿第九大道 2008 年 4 月和 11 月的状况，设计有新的“哥本哈根风格”的自行车道以便于停泊的车辆对自行车交通的保护。纽约的自行车交通仅在两年内就增加了两倍。

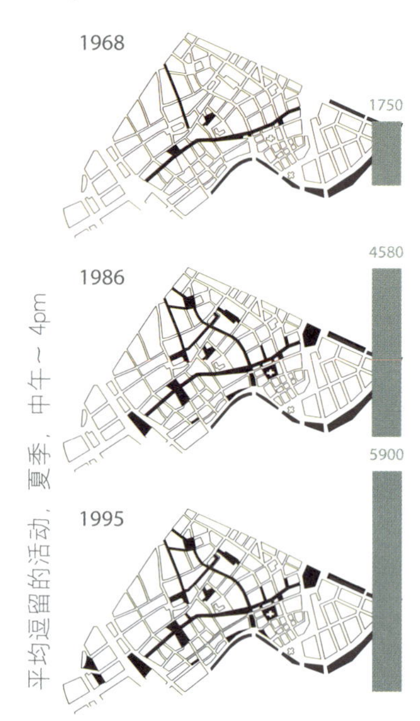

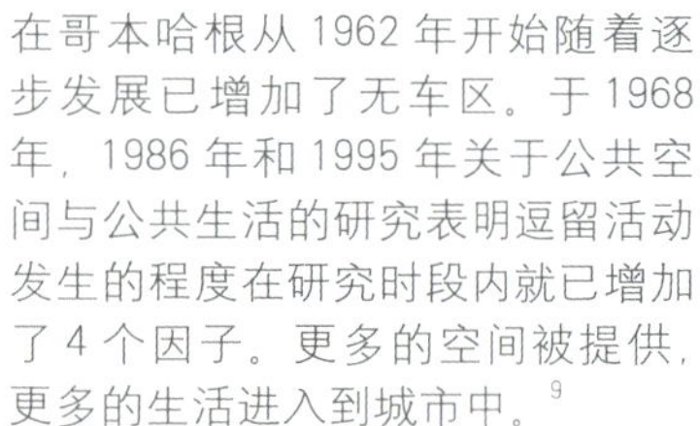
在哥本哈根从 1962 年开始随着逐步发展已增加了无车区。于 1968 年，1986 年和 1995 年关于公共空间与公共生活的研究表明逗留活动发生的程度在研究时段内就已增加了 4 个因子。更多的空间被提供，更多的生活进入到城市中。[9]

上右图：Strodet，哥本哈根内城的一条街道。1992 年被改造成以步行优先的街道，这是改造前后的对比图。
右图：Nyhavn 街，1980 年被改造成步行街。

方式。相比其他可选择的交通模式，这是一种更快、更廉价，并对于环境和个人健康都非常好的交通模式。

更好的城市生活环境——更多的城市生活

不会感到惊讶的是，步行交通和城市生活也能体现邀请与使用模式之间的直接联系。

许多旧城被建成步行城，同时有一些仍在持续地发挥着作用，即在那些汽车交通受地形限制的地方，或者在那些经济与社会网络仍然以步行交通为基础的地方。

威尼斯在这些古老的步行城市中，享有一种绝对的特殊地位。在其千年的历史中，威尼斯一直作为一座步行城市发挥着作用。

甚至今天威尼斯仍然是一座步行城，是世界上少有的几座这类城市之一，因为其狭窄的街道和许多运河小桥阻止了汽车的进入。在中世纪，威尼斯在欧洲是最大且最富有的城市。事实上，几个世纪以来这座城市就被设计且适应着步行交通，这就使得今天的威尼斯作为人性化维度研究的楷模引起了人们的特殊兴趣。

威尼斯样样具备：紧密的城市结构，短捷的步行距离，美妙连续的空间，高度的混合功能，活跃的建筑首层，卓越的建筑和精巧设计的细部——所有都是基于人性化尺度的。几个世纪以来，威尼斯已赋予了城市生活的错综复杂的网络并且还在不停地进行着，这些都流露出一种对步行的诚心诚意的邀请。

幸运的是，我们现在能够研究城市中对增加步行和城市生活的这种邀请的结果，而这些城市以前都是以汽车交通为主宰，且多年来一直忽视了人性化维度。在近几十年间，许多这样的城市已将赋予步行交通和城市生活更好的条件变成努力的目标。

丹麦哥本哈根和澳大利亚墨尔本的发展，在这里具有特殊的兴趣，因为这些城市不仅为城市生活和步行交通在条件上进行了系统化的改善与提高，而且还记录了这种发展，并且与改善实施的步伐相一致见证了城市生活的变化与提高。

哥本哈根——更好的城市空间，更多的城市生活

20 世纪 60 年代初，在步行区域被削减多年之后，哥本哈根是在欧洲首先大胆着手解决这个棘手问题的城市之一，并且开始在市中心减少汽车交通和停车，目的是再次为城市生活创造良好空间。

哥本哈根主要的传统街道 Stroget 已于 1962 年被变成了一条步行的散步场所。怀疑者众多。像这样的项目一直能成功吗？

只有短短的一段时间之后，十分明显，这个项目获得了比任何人预期的更大的、更快的成功。步行人数只在第一年就增至 35%。它提供了更舒适的步行空间和更多的为人所逗留的空间。从那时起，越来越多的街道变成了步行交通和城市生活服务的空间，同时市中心的停车场所一个接一个地变成了容纳公共生活的广场。

从 1962 年到 2005 年这段时间里，致力于为步行活动和城市生活服务的这个区域就增加了 7 个因子：即从 15000m^2 到良好的 100000m^2。[10]

来自丹麦皇家美术学院建筑学院的研究者们监控了贯穿这段时期的城市生活的发展。1968 年、1986 年、1995 年和 2005 年的深入分析记录了城市生活中的具有重要意义的变化。对在城市公共空间中行走、站和坐等活动的许多诚心诚意的邀请已带来了不同寻常的新的城市模式：更多的人在城市中行走和逗留。[11]

市中心的这种模式目前在偏僻的地区一直在重复着。近些年来，那里许多的街道和广场已从交通岛变成了与人友好的广场。来自哥本哈根的结论是正确的：如果人而非车被邀请到城市中，步行交通和城市生活就会相应得到提高。

墨尔本的步行交通

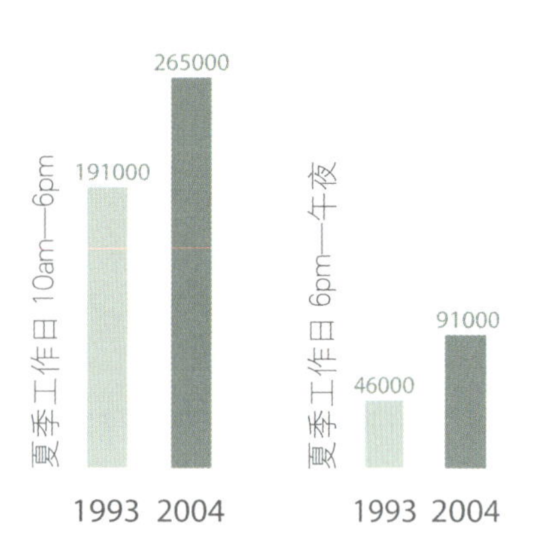

从 1993 年至 2004 年澳大利亚施行了一项全面计划以改善城市中人们的生活条件，2005 年的一项研究表明步行人数自 1993 年以来有了 39% 的增加，并且在城市中逗留的人数也增加了 3 倍。城市品质的改善与提高直接吸引着城市中活动的增加。[12]

联邦广场（Federation Square）是墨尔本新的起着良好作用的城市空间之一，城市中许多消极的巷道和拱廊已被设计成逗留空间，总的说来，墨尔本在吸引市民们对其城市的使用上做出了令人印象深刻的努力。

墨尔本——城市中更好的街道，更多的广场，更多的生活

约在 1980 年，墨尔本的内城是一处冷淡的由办公和高层建筑组成的集合空间，毫无生机，毫无用处。城市被戏谑地称为“多纳圈”，因为中心是空的。1985 年，一个深入全面的城市更新项目被发起，目的是将市中心改变成为一处可为该区超过 300 万居民服务的、充满活力和吸引力的活动中心。1993 ~ 1994 年间我们分析了市中心的问题，记录了城市生活的容量，为未来十年起草了一份有关城市改善的雄心勃勃的计划。

1994 ~ 2004 年的十年间完成了许多令人印象深刻的城市改善工作。城市中住宅单元的数量增长了 10 个因子，居民数量从 1000 人（1992 年）增至几乎 10000 人（2002 年）。在市中心和附近的学生入学数量增长了 67%。新的广场包括建筑艺术上具有重要意义的联邦广场得以规划，而且 Yarra 河畔的小的拱廊、巷道和散步场所都开放为步行交通和逗留活动。[14]

然而，最显著的因素就是旨在积极邀请人们步行于城市之中的目的与意图。自从城市建立以来，墨尔本已是一处典型的英国殖民之城，由宽阔的街道和规则的街区组成。早在城市更新过程之初，就决定排除阻力以吸引人们行走于城市的街道之中。从而拓宽了步行道，采用了当地的青石进行了新的铺装，用优质材料制成了一系列新的城市家具。这座城市的友好步行空间的轮廓被勾勒出来之后，紧接着就出台了更深入的“绿色”策略，其中包括每年种植 500 棵新树以保护步行道的特征，以提供相应的遮阴效果。一项综合的城市艺术企划和精心设计的夜景照明则完善了一座城市的画面。这座城市在具有目标性的政策指引下不断地追求以吸引更多的步行交通和逗留活动。在 1994 年和 2004 年进行的两个大型的公共空间公共生活的调研结果显示，步行交通和逗

在英国的布赖顿（Brighton），New Road 被改造成以步行为主的街道之后，步行交通增加了 62%，同时停留的数量增加了 600%（6 倍）。照片显示了 2006 年 New Road 改造前后的状况。[13]

曾流经丹麦第二大城市奥胡斯的河流被盖起来用作重要的车行道路。1998 年重新得以开放。自从重新开放以来，沿奥胡斯河的娱乐型的步行区已成为该城市中最受欢迎的空间。沿河两岸的房地产价格也是该市最高的。

留活动随着许多城市改善已有了标志性的提高。总体上，在墨尔本内城的一周内的步行交通比一日内的交通量增加了 39%，而夜间城市的步行作用则已成倍增长。有趣的是这种增长不仅能在单个的主要街道上看到，而且在整个市中心也能看到。城市中的逗留活动也在急剧增长。新的广场，宽阔的人行道和新改造的廊道提供了许多新的具有吸引力的停留的可能性，同时活动程度是日常工作日的几乎 3 倍。[15]

记录城市生活——城市发展的一种重要工具

在墨尔本和哥本哈根的调研是特别有趣的，因为规律性的城市生活调查已经证实了步行交通和城市生活状况的改善带来了特别的新的功能使用的模式和城市空间中更多的生活。在墨尔本和哥本哈根，城市空间品质与城市生活范围之间的准确联系，已清楚地得以证实——在城市层面上。

更好的城市空间，更多的城市生活——城市，城市空间和细部

毫不令人吃惊的是，存在于人们对城市空间的使用、城市空间的品质和对人性化维度关注程度三者之间的密切联系是一种普遍模式，这种模式能够在所有情况下得以显现。正如城市能带来城市生活一样，许多实例显示出单一空间的改造更新或甚至在家具和细部上的变化是如何能带给人们一种全新的使用模式的。

在 20 世纪 30 年代，丹麦奥胡斯河被覆盖填埋了，变成了一个供汽车交通使用的街道。于 1996 ~ 1998 年被挖开，同时将沿着重新开掘河道的两侧的空间设计成可供娱乐的步行区。从那时起奥胡斯河沿岸的区域已成为城市中最具有公共性并被加以利用的外部空间。这种转变太受人欢迎了，同时在经济上获得了成功——沿河布置的建筑的价值成倍增长——在 2008 年河流的另

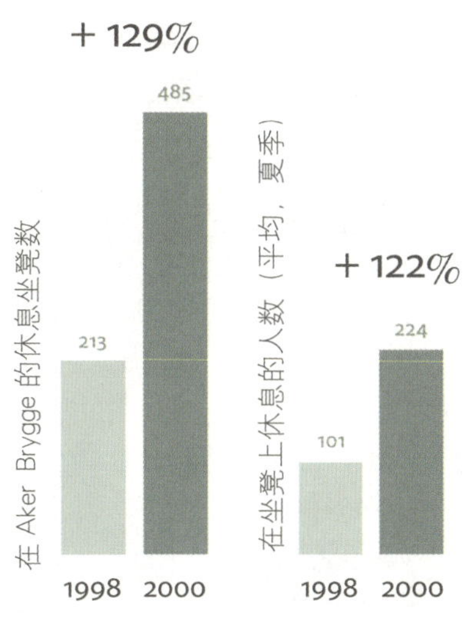

更多朴素的邀请也会带来显著的效果。在挪威奥斯陆的 Aker Brygge 提供了 2 倍的供落座休息的场所，相应在该地区落座休息的人数也增加了 2 倍。[16]

一处较大部分的空间得以向公众开放。这个新的城市空间和新的邀请作用已带来了城市中全新的使用模式。

简单的变化，例如在奥斯陆的 Aker Brygge 港对凳子的改善能够给使用模式带来巨大的具有重要意义的改变。1998 年，原来的凳子被新的替换，数量上比此区域的座位数量多了两倍（129%）。在 1998 年和 2000 年对变化前后的调查显示，在此区域休息的人的数量与新增凳子数量相呼应，也有了成倍增长（+122%）。[17]

城市中的人——邀请的问题

如果有更好的城市空间，那么就有使用上的增加这一结论很明显地在大型城市公共空间，单个城市空间甚至单个休息凳子或座椅的布局上都是成立的。这个结论在世界各种不同的文化背景和地区、各种不同的气候和不同的经济和社会状况下也是普遍成立的。有形的规划会大大地影响到单个地区和城市区域中的使用模式。人们是否被吸引在城市空间中步行或驻足逗留，无疑就是一个关于仔细研究人性化维度，并做出诱人邀请的问题。

在巴黎塞纳河畔的车行道每个夏季都被关闭，变成了“巴黎海滨”，很快那里人潮涌动，成千上万的巴黎人蜂拥而至，这个非常的邀请是巴黎人整个冬季所一直期待的。

必要性的、选择性的和社交性的活动

必要性活动是每日的、一致的、非选择性的部分。这里我们无任何的选择。

选择性活动是娱乐性的和兴趣类的，对于这类重要的活动城市品质的创造就是决定性的前提条件。

社交性的活动包括所有类型的人与人之间的交流与接触，并且在城市空间中无处不在。

1.3 作为聚会场所的城市

有比简单走路更多内涵和意义的步行！

作为一个概念，当人们使用共同的城市空间的时候，“建筑之间的生活”涵盖了人们从事的所有各个不同的活动：从一个地方有目的地步行到另一个地方，散步、短时间驻足、更长时间逗留、橱窗购物、交谈和聚会、锻炼、跳舞、娱乐休闲、街头贸易、儿童玩耍、乞讨和街头娱乐。[18]

走路是开始，是起点。人们被创造去走，并且当我们走在其他人群中时所有生活的大大小小的活动都发展起来。当我们步行时，所有形形色色的生活被展现出来。

在充满活力的、安全的、可持续的且健康的城市中，城市生活的先决条件就是提供良好的步行的可能性。然而，更广义的层面是指当你强调步行生活时，大量的有价值的社会和娱乐休闲的可能性就会自然而然地产生和出现。

许多年，步行交通主要被认为是从属于交通规划支撑下的一种交通方式。正是在这些年里，城市生活对细微差异和可能性的慷慨给予被大大地忽视或忽略了。所使用的术语都是“步行交通”，“步行流线”，“人行道容量”和“安全穿越马路”。

但是在城市中有比简单步行更多内涵和意义的步行！人与周围社区、新鲜空气、定时户外活动、生活的自在愉悦、体验和信息的获取等之间都存在着直接的联系。其核心，步行就是一种人与人之间交流和沟通的特殊形式，他们分享着公共空间作为一种平台和框架。

又是最特殊的——作为聚会场所的城市

如果我们更加仔细地看看早先提到过的关于城市生活的研究，那么我们就能看到一个又一个城市的步行生活的条件得到了改善和提高，步行活动的程度也有巨大增加。我们还甚至看到了在社会和娱乐活动方面的更加深入广泛的发展。

正如早先所提到的，更多的道路吸引着更多的交通。更好的骑车环境吸引着更多的人加入到骑车行列中。然而通过改善提高步行条件和环境，我们不仅加强了步行交通，而且——最重要的——加强了城市生活。

这样我们能将这种探讨从交通问题提升到一个更广泛的、更大范围的重要讨论中，即有关城市中生存状况和人性化选择的讨论。

多层面的城市生活

城市空间中的生活的共同特征就是活动的多样性和复杂性，并且在有目的地步行、购物、休息、逗留和交流之间存在着许多重叠且频繁的转换。不可预测的和不可计划的、自发性的行为无疑构成了使在城市空间中的往来和逗留活动具有如此特殊吸引力的重要部分。我们在路上观察人和任何活动的同时，会被吸引驻足更仔细地看，或者甚至逗留或参与。

必要性活动——在所有情况下

在城市空间中活动非常多样性产生了一种清晰的核心模式。一个简单地看待它们的方法就是根据必要性的等级将最重要的类型放在一个天平上。这个天平的一端就是有目的必要性活动，即人们普遍从事的活动：工作或上学，等候公交车，给顾客带商品。在任何情况下这些活动都会发生。

选择性活动——在良好的环境状况下

在这个天平的另一端就是大量的人们可能喜欢的可选择的娱乐活动：沿林荫道散步，登高远眺城市，坐下欣赏风景或好的天气。

绝大多数最具吸引力的、普遍的城市活动属于这类选择性活动，良好的城市品质就是这种活动产生的前提条件。

如果户外环境条件不允许进行步行和娱乐活动的话，如暴风雪时期，那么什么都不可能发生；如果条件还可忍受，那么必要性活动就会产生；如果户外环境条件良好，那么人们就会从事许多必要性活动，同时增加了一定数量的选择性活动。步行者被吸引驻足享受天气、享受城市中的场所和生活，或者欣赏从建筑中出来到城市空间中停留的人。座椅被拉出来放在宅前，而且孩子们出来玩耍。

多样化的城市生活很大程度依托于邀请

从好的方面来说，曾提到过天气是户外活动的程度和特征的一个重要因素。如果天气太冷、太热或太潮湿，户外活动就会减少或者变得不可能。

另一个非常重要的因素就是城市空间的自然品质。采用规划与设计手法来影响户外活动的程度和特点。除邀请步行活动之外，邀请人们户外做的一些事情还应包括保护、安全性、合理的空间、家具以及视觉品质。

提到的有关城市生活的研究也证实了积极的邀请作用带来的巨大的可能性，即积极邀请人们不仅去走，而且要去参与到各种不同的多样化的城市生活中。

多样化的城市生活——作为一种古老的传统和当代的城市政策

城市与城区能够为特定的活动搭建舞台。在东京、伦敦、悉尼和纽约的内城街道上，人们步行着：没有空间提供给任何其他活动。在被列为首选的消磨时光、消费和娱乐之地的度假区和旅游区，人们被吸引来这里漫步和逗留休息。在传统的城市中如威尼斯，人们被吸引进行各式各样的、复杂的城市生活，那里同时具备了步行交通和逗留休息的良好环境。在哥本哈根、里昂、墨尔本，还有其他大大小小的城市中也可找到相应的活动模式，这些城市在近几十年间其城市空间中的活动环境得到了显著的提高。增加了步行交通，娱乐和选择性活动的数量也有所增长。

城市生活和城市空间品质之间的相互影响——如纽约

尽管从传统意义上，步行交通在纽约市曼哈顿的街道中占有主导地位，但 2007 年出台了一个全面企划以鼓励更加多样化的城市生活。[19] 这个构想就是要提供更多、更好的休闲娱乐选择，使其能够作为有广泛的目的性的步行交通的一种补充。例如，在

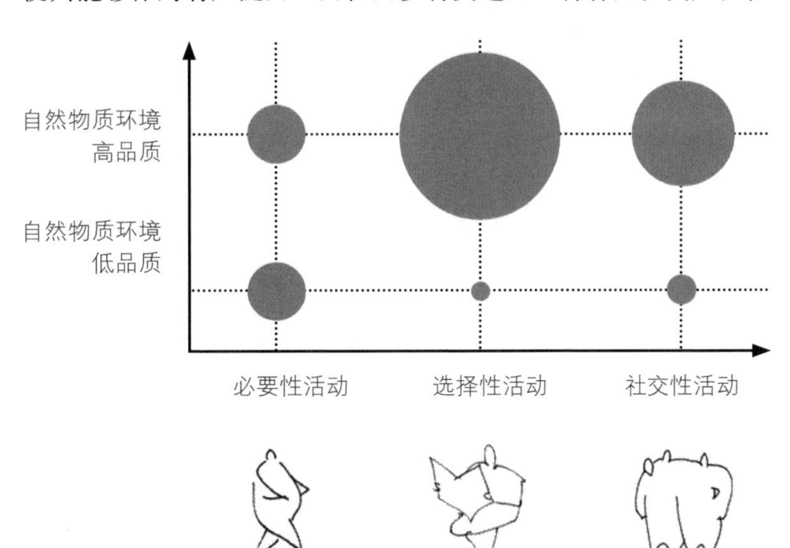

户外品质与户外活动间联系的图示表达。户外品质的提高尤使选择性活动猛增，那么这种活动程度的猛增则吸引了社交性活动的巨大增加。

2009年纽约市的百老汇（Broadway）大道在时代广场（Times Square）和赫勒尔德广场（Herald Square）处的车行交通被关闭了，给城市生活带来了祥和、尊严和7000m²的活动空间。在这个新的空间中的活动程度令人印象深刻。[20]
左图：重新设计之前的时代广场
右图：重新设计之后的时代广场

百老汇街上增设的步行道提供了摆放咖啡座椅和人们停留的空间，同时在麦迪逊广场、赫勒尔德广场和时代广场已建立了许多新的无车区以提供人们逗留的可能性。在所有这些情况下，这种新的可能性立刻也被采纳了。几乎每日这些新的有吸引力的活动丰富了城市生活，并且使之更加拥有了多种层面。甚至在纽约市现在存在着对城市空间的一种明显的需求，存在着对参与更多的城市生活的极大兴趣，从而有了更多的可能性和牢固的吸引力。

必要性和选择性活动作为社会中城市活动的先决条件

城市生活的特点和程度都很大程度受到城市空间品质的影响，城市空间的品质自身就是一个重要的连接点。如果我们看到必要性、选择性和重要群体的社交活动之间的关系的话，那么这种连接就会更加有趣。如果城市生活被加强了，那么它就为强化城市空间中强化所有形式的社交活动创造了前提条件。

社交活动——作为聚会场所的城市

社交活动包括在城市空间中人之间的所有形式的交往，同时需要其他人的参与。如果在城市空间中有了生活和活动，也就会有许多社交上的交流。如果城市空间被隔离且空荡荡的，那么什么都不会发生。

社交活动包括广义范畴的各种不同的活动。有许多被动的看和听的接触：观察人和所正在发生的事。这种适当的、非目的性的接触形式是无处不在的、是最普遍的社交城市活动。

还有更多的积极的接触。人们互致问候、与遇见的熟人聊天。人们有机会在市场货摊，坐在凳子上以及在等候的任何地方碰面和简短的交谈。人们问路，有关天气的简短交流，或谈论下班公交车的到达时间。更广泛的接触有时会在这种简短的问候中产生。

新的话题和共同的兴趣都能被加以讨论。熟悉的关系能够萌芽产生。不可预测性和自发性都是关键的词语。在更多的广泛的接触中包括孩子们的玩耍和年轻人的"闲逛",以及将城市空间用作一个聚会场所。

最后,还有大量或多或少有计划的公共活动:市场、街头聚会、集会、游行和示威。

大量的观察和重要的信息

正如先前所提到的,看与听的活动是社交接触最多的类型。这也是会受到城市规划的最最直接影响的接触形式。有吸引力的活动很大程度决定了城市空间是否具有生气和活力,即赋予人们更多交流的可能性。这个问题是重要的,因为这些被动式的看与听的接触为其他方式的接触提供了背景和跳板。通过观察,听和体验其他活动,我们汇集了关于我们周围的人与社会的信息。这是一种开始。

体验城市中的生活也是令人愉快的并且刺激着娱乐活动。这种场景每分钟都在发生着变化。有许多能看到的:行为、面孔、色彩和感觉。而且这些体验都是与人类生活中一个最重要的主题——人有关。

"人是人的最大乐趣"

这个说法"人是人的最大乐趣"来源于"Havamal"(欧丁神语),一首有着超过千年历史的古冰岛诗,其简要地描述了人与人之间存在的快乐和兴趣。没有什么比这更重要或更令人注目的。[21]

甚至从摇篮中的婴儿开始他们就在极力地去看尽可能多的东西,而后发展到他们满屋子爬去跟踪活动。更大的孩子们则将玩具带到客厅或厨房等有活动的地方。户外玩耍不必要非在操场或在无交通区域的地方进行,而更多时候则是在有大人存在的街道上、停车场或在入户门口。年轻人在门口和街角处闲逛——或许

全世界人行道旁咖啡馆的客人变成首位的城市景观:城市生活(法国斯特拉斯堡)。

PARRUCCHIERE
per uomo e signora

参与到——活动中。女孩看男孩，反之男孩看女孩——贯穿于生命始终。年长者凭借窗户、阳台和凳子开展邻里间的生活和活动。

纵贯生命始终，关于人、关于生活，关于周围的社会的新信息我们有着不停的需求。无论人在哪里都会有新信息的汇集，并且无疑都是在城市公共空间中进行的。

城市的最大吸引物：人

对全世界的城市的研究说明了作为城市吸引力的生活和活动的重要性。哪里有事情发生哪里就有人的聚集，并且自发地寻求其他人的存在。

是走进一条无生机的街道还是走进一条充满活力的街道，面对这种选择大多数人将选择充满生活气息和活力的街道。这种步行才会更有趣且感觉更安全。关于哥本哈根的内城购物街的研究显示出自发的、偶发的事情、活动与建筑施工现场是如何吸引更多的人闲逛和观看的，从而代替了沿街商店所具有的吸引力。因为在那里我们能观看人们的表演、演奏音乐或建造房子等活动。关于城市空间中凳子和座椅的研究相应显示出有着城市生活最佳景观处的座椅的使用率要远比那些没有提供“看人活动”的座位的使用率高。[22]

咖啡座椅的布置与使用讲述了类似的故事。路边咖啡馆有着最重要的吸引力，它总是处在人行道的位置，这样看到的是城市的生活场景，相应的绝大多数的咖啡座椅就布置在那里。

城市生活的愉快享受——以透视图的方式

没有谁会认为《交往与空间》的较大发行量比建筑师的透视图更具吸引力。在不考虑设计方案中无论人性化维度是被加以认真推敲还是被完全忽视的情况下，这些图都充满着欢乐的、高兴的人。无论这是否是真实情况，图中描绘的许多人赋予设计方案一种欢快和吸引人的氛围，发出了设计充满了丰富的人性化品质的信号。“人是人的最大乐趣”就是显而易见的——至少在图中！

作为聚会场所的城市——从历史视角

贯穿全部历史，城市空间在许多层面上对城市居民来说起到了聚会场所的作用。人们碰面，交流信息，做生意，举行婚礼——街头艺术家们取悦人们以及商品买卖。人们参加大大小小的城市活动。举行游行、权利示威，公共性的聚会与处罚——任何活动都在完全公共的角度加以实施的。城市就是聚会的场所。

处于汽车的侵入和现代主义规划思想的压力下

在 20 世纪城市空间不断地起着作为重要的社交聚会场所的作用，直至现代主义规划思想的盛行并与汽车的侵入同时发生，相互重合。有关城市的“死与生”的讨论由简 · 雅各布斯于 1961

年出版的书挑战性地提出了。书中大部分阐述了城市空间作为聚会场所的可能性被逐渐破坏。[23] 虽然从那时起这种讨论一直都在持续着，但城市生活却在许多地方正不断地被挤出城市空间。

占主导地位的规划思想拒绝城市空间和城市生活，认为它们是不合时令的且不必要的。规划已非常致力于为必要性活动发展出一种理性的且现代的有效一体化的环境。增加汽车交通已将城市生活赶出了舞台，或是使步行交通完全不可能。商业贸易和服务功能已很大程度集中于大型的室内购物中心内。

被忽视的城市——且城市生活取消了！

我们能够看到在许多城市中这些趋势所带来的后果，特别在美国南部。许多情况下人们已经抛弃了城市，并且没有汽车要到达城市中的各种不同的设施是非常不可能的。步行，城市生活以及作为聚会场所的城市已全部被取消了。

作为聚会场所的城市——在21世纪

非直接获取信息和联系的方式在近些年来已大大地发展起来。在全世界范围内，电视、互联网、电子邮件和手机给我们提供了广泛且便捷的与人联系的渠道。有时问题也就产生了：城市空间作为聚会场所的功能现在能被电子设备和电子通信所替代吗？

近些年城市生活的发展表现了一个完全不同的画面。这里非直接的联系和描绘他人在其他场所中的种种体验的一串串图像都难与公共空间相媲美，而且更要鼓励人们参与和扮演一个积极的个人角色。亲临的潜在可能性，面对面的交谈，以及体验所具有的令人惊奇和不可预测的特点都是与作为聚会场所的城市空间密切相关的品质。

缺少人的城镇在美国南部是一种普遍现象。步行和城市生活被放弃，而且汽车成为主宰（密西西比州，克拉克斯代尔）。

新的非直接形式的交流与沟通在不断进行着。它们能起到补充作用，但不能替代人与人之间的直接的面对面的聚会与交流。

有趣地注意到在这些非常相同的几十年间，城市生活已经历了一种显著的复兴，电子方式的沟通接触已被引入。这两种选择我们都需要。

许多社会的变化，特别是在世界最富裕的地方，就可以解释这种日益增长的兴趣，即愿意在城市公共空间中散步和歇息逗留的兴趣。长寿、充裕的自由时间和更好的经济状况总的来说都为休闲娱乐留有更多的时间和更多的资源。

到 2009 年一半的哥本哈根的家庭仅有一人居住。[24] 缩小的家庭结构势必增加了进行户外社交接触的需求。作为在社会与经济结构重组下产生的如此众多变化的结果就是现在许多人生活在

步行于城市之中不仅吸引了所有感官的直接体验，而且对微笑与眼神的交流还带来了具有吸引力的额外可能（加拿大温哥华罗布森街）。

公共空间具有意味深远的社会重要性，即作为一种交换思想与言论的平台。

日益更加私有的环境中，即拥有私人住宅、私家汽车、私家家庭设备以及私人办公室。在这种情况下，我们看到了人们对大力加强与城市社会接触所产生的日益稳固增长的兴趣。

这些新的可能性与需求很大程度上说明了在城市公共空间的使用上的显著提高，这明显体现在近些年所有致力于振兴城市生活的城市中。

作为聚会场所的城市——从社会视角

要达到比私人商业活动中心更强的效果，公共民主管理的城市空间则为所有社团群体提供了途径和机会以表达他们自己和为非主流活动提供自由。

一系列的活动和表演者显示出城市公共空间所能带来的可能性，从总体上达到加强社会可持续性的目的。正是一种具有重要意义的品质，才使得所有社团群体，在不考虑年龄、收入、地位、宗教或种族的背景下，能够在城市空间中面对面地交流，就如同进行日常工作一样。 这是一种好的方法为每个人提供有关社会构成和多面性的普遍信息。它也使人们对众多不同的文脉关系中所共有的人生价值体验感到安心和自信。

报纸与电视代表了相反的方面，即反对为人提供第一手亲身体验城市日常生活的这种显而易见的机会。这些媒体传达的信息主要集中关注于对事件和攻击的报道，表达的是对社会所真实发生事物的一种歪曲的景象。恐惧与粗俗普遍充斥于这种氛围中。

非常有趣地注意到预防犯罪的策略强调了对公共空间的加强，以致与来自各种不同社团群体的人们的交流成为每日生活常规例行的一部分。我们能够考虑亲近、信任和相互关心体谅，认为是墙体、大门和街头出现的更多警察的直接反义词。

民主的层面

在城市的公共空间中公众兴趣决定着游戏规则，这样有助于确保人们有机会、有可能交流个人的、文化的和政策的信息。

城市空间的重要性在《美国宪法的第一次修正案》中得到强调：它设定言论自由和公民集会的权利。这种重要性还着重体现在对城市空间中的集会的频繁禁令上，这些禁令都是通过极权主义政体的法令加以制约的。

作为一处开放的、人之间可通达的界面，城市空间为大型政治性会晤、游行示威与抗议提供了重要的场所，同时还为更加朴素简单的活动——如收集签名、航模风行或临时的舞台表演或者举行抗议活动——提供了重要的场所。

作为聚会场所的城市——小的事件与大的视角

社会的可持续性、安全性、民主性和言论自由，都是描述与作为聚会场所的城市有着紧密纽带关系的社会层面的重要概念。

城市空间中的生活都囊括了：从对微小事件、活动的时时刻刻的扫视到最大型集体的示威活动。步行穿过公共城市空间本身会是一种目标——但也是一个开始。

人创造城市，及其人性化

不同于威尼斯的城市空间，哥本哈根，墨尔本和纽约重塑的城市空间并不代表一种恋旧的传统的田园风情。这些都是当代的城市，具备稳固的经济实力，大量的人口和多样化的城市功能。这些城市最显著的特点就是它们反映了一种发展的理解，即城市必须通过设计来邀请和吸引步行交通和城市生活。这些城市认识到步行交通和骑车族对社会的可持续性与健康的重要性，同时承认在 21 世纪城市生活作为一个具有吸引力的、日常使用的民主的聚会场合的重要性。

在对人性化维度忽视了几乎 50 年以后，今天在 21 世纪初我们有了更急切的需求和不断增加的愿望，以求再次创造人性化的城市。

RESTAURANT
Danielsen
SØLV

第2章

感官与尺度

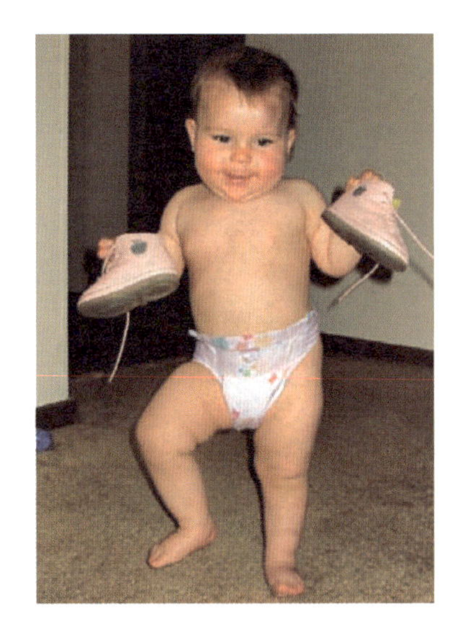

拍摄对象：一个线性的，正面的、水平向移动的，最大速度为5km/h的人（劳拉，1岁）。

城市建筑学的基本要素就是运动空间和体验空间。街道反映的是脚的线性运动模式，广场代表人眼能看到的区域（坦桑尼亚桑吉巴尔斯通敦和意大利阿斯科内皮切诺）。

这个小城如同客厅的一处角落沙发，依偎在海湾中，背面被植被覆盖着且风景都是以人性化尺度为基础的。这是一处优美之地——也是城市中的优美之所（意大利菲诺港）。

2.1
感官与尺度

线性的，正面的，水平移动的哺乳动物，步行速度最大 5km/h

设计人性化城市这项工作的实质出发点就是人的移动和人的感官，因为他们为在城市空间中的活动、行为与交流提供了生物学上的基础。

21 世纪的城市步行街是上百万年演变的结果。人类已演变为缓慢移动和用脚行走，以及人体呈线性直立。

尽管我们的脚能够随意地向前行走或跑，但其向后或者向一侧活动都是具有很大困难的。我们的感官也已发展成能在大量的水平表面上缓慢地向前运动。

我们的眼睛、耳朵和鼻子朝向前面有助于我们感觉危险和判断前方出现的可能事物。眼睛的感光层中的视网膜杆和视锥体被加以组织以配合我们水平向的，地球边界领域的体验。

我们能够清楚地看到前方、周围和两侧，向下看到的程度比向上看到的要少。我们的胳膊也是指向前面的，而且能被加以良好地定位，用以触摸事物或将事物沿线路推向支路一侧。

简而言之，人类是一种线性的，水平向移动的直立的哺乳动物。道路、街道和林荫大道都是线性移动的空间，是以人的运动系统为基础设计的。

生命中最难忘的时刻之一就是小孩子站立起来，并且开始走路的那一天：从此生命行将真正地开始了。

所以这就是我们的研究对象，一个有着态度、潜力和局限的步行者。结合人性化尺度的研究就意味着提供给行人良好的城市空间。这也说明了人体所显现出的可能性与局限性。

距离与感知

在《无声的语言》(The Silent Language)(1959 年)和《隐藏的维度》(The Hidden Dimension)(1960 年)书中，美国人类学家 Edward T.Hall 提供了对人类进化史的精彩调研，同时介绍了人的感官，感官的特征和重要性。[1]

感官的发展与进化史是紧密相连的，可被简单分成“距离”感官：看、听与闻；以及“亲近”感官：感觉与品尝，这与肌肤和肌肉有关，因此会具有感觉冷、热和痛的能力及感知肌理和形状的能力。在人与人之间的接触中，感官在全然不同的距离

我们能看到100m开外的人，而且，如果距离缩短了我们会看到的更多。但是只有处于小于10m的距离内，这种体验才会变得有趣且令人兴奋；同时更佳的体验则是更近的范围，那样我们就能运用我们所有的感官去体验。[2]

中发生着作用。

视觉是我们感官中最高度发达的。首先我们可以记住远处某个人的模糊形状。根据背景和光，我们能识别出300～500m远的人是人类而不是动物，或是灌木丛。

只有当距离减至约100m时，我们能看到运动和粗略轮廓下的肢体语言。性别与年龄均被作为判断步行者的方法，并且我们通常能看清在50～70m距离之间的人。头发颜色和具有特色的肢体语言也在此距离内被解读。

在大约22～25m的距离范围内，我们能准确读取面部表情和主要情感。这个人是否快乐，悲伤，兴奋还是生气？这个人走得更近些时，越来越多的细节变得可见，观察者的视线范围（field）直接看到的是身体上部，然后是脸，最后是脸上的其他部位。同时人在听力距离内具有“顺风耳”特征：在50～70m我们能听到求救声。在35m能够进行大声地单向交流，如同教堂中的讲坛，舞台或观众厅的效果。在20～25m距离内，简短的信息能够交流了，但真正的对话却不能，直到人们相互间在 7m 的距离范围内。从 7 ～ 0.5m 范围内，距离越短，对话能进行得越细节，相互联系得越紧密。[3]

其他感官也能随距离的缩小而发挥作用：我们能闻到汗味或香味。我们能感觉到皮肤上的温度差异：一种重要的交流方式。脸红地深情一瞥和白热化的愤怒都是关系密切的一种交流。自然的情感与接触本质上也归属于这种亲密的范围。

视觉的社交范围

我们能够总结出这些关于距离，感官和交流的观察：几乎无任何变化的距离是从 100m 到约 25m，而后随着一米一米地变化，细部和交流的丰富性显著增强。最后在 7 ～ 0m 之间所有感官都会用到，所有细节都会体验到，并且最强烈的感觉得以交流。

在城市规划的环境中，感官、交流与尺度之间的关系是一个重要的主题，我们会谈到视觉的社交范围，这个范围的界限是 100m，在 100m 处我们能看到运动中的人。

25m 是另一个具有重要意义的界限，从那一点我们会开始解读情感和面部表情。毫不令人惊异的是，这两个距离在许多自然物质环境中是非常重要的，在那里重点就是观察人。[4]

观察活动

为观众活动如音乐会、庆祝游行和体育运动而建造的活动场所，再一次使用了 100m 的距离。对于运动员或体育比赛，观众不仅需要关注于全场情况，而且需要关注于球、人和运动，从场地中间到最远处座位的距离大约 100m。

活动场所被加以设计以便于座位看台高于场地。这样观众们能从上方轻易地看到各处情况，这种方式通常对体育活动不是一个问题，那里活动的普遍模式本身就是吸引人注意的重要部分。只要座位在约 100m 的奇妙（magic）范围内——即我们能看到人活动的距离范围内，门票就能销售出去。

100m 的距离也提供了聚集人数的上限。即使最大型的活动中心也只能容纳相对有限的观众数量，最多约十万个座位数，如巴塞罗那的足球中心诺坎普（Camp Nou）（98772 个座位），或者北京奥林匹克体育场（91000 个座位）。

这里我们所具备的就是高度有效的 100m 的“观看墙”，即此类活动设施尺寸的一种生物极限。如果观众数量增加的话，他们视觉关注的焦点就必须要放大。在摇滚音乐会上，图像与声音均被放大到一个大型屏幕上以适应观众空间的整体尺寸。在汽车影院中，电影被投影到一个巨型屏幕上以便于观众即使在非常远的地方观看也能够跟上影片的情节。

在最远的 100m 处观察人的能力被反映在观看体育运动和其他活动的观众空间的尺寸上。

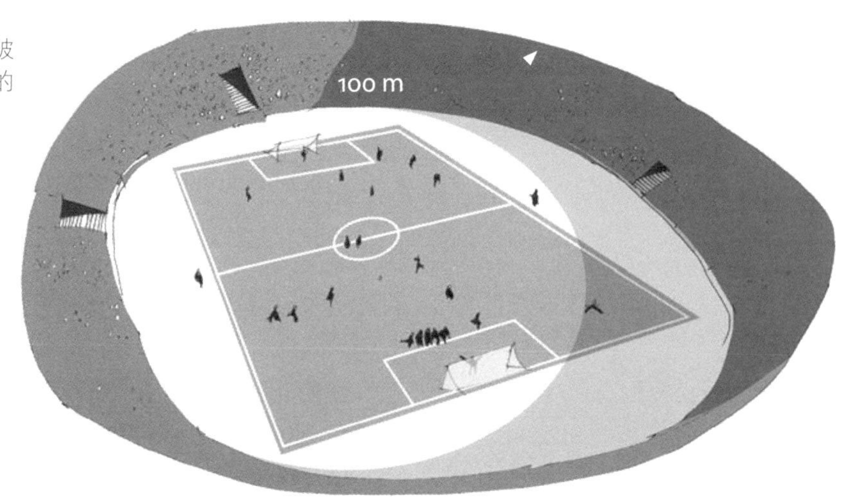

体验情感

第二个界限的价值体现在剧院或歌剧院中，即约 25m，这个距离能体会到人的面部表情下发音清晰的演唱和对话。在剧院和歌剧院中，交流的主要目的是唤醒心灵和情感。面孔必须是可以看见的并且随音调的高低而发生变化。

然而，如果我们观察全世界的剧场和歌剧院，舞台与最远的座位之间的关键距离就是 35m 而非 25m。这种扩大观众范围的原因能从演员的肢体语言、化妆和声音投射中找到。化妆强调且夸大了面部表情，肢体运动被巧妙加强了，肢体语言变得“富有戏剧性”，同时语言也被通过夸张的发音加以调整，正如众所周知的“舞台悄悄话”，也能在 35m 以外听到。所有这些活动都赋予了戏迷一种抒发情感的强烈印象——即使舞台实际上处于 35m 以外。这是可能的极限。

剧场与歌剧院也在高度上和侧面扩展座位，目的是获取最大最多的座位容量。建筑首层乐队座位被设于舞台上方的一、二或三处包厢区或高于舞台层的侧向包厢加以增补。神奇的 35m 就是让我们能感知和感受的共同标准。

对于体验，有付出，才有收获

虽然一个空间从物理学上讲能够容纳一定数量的观众，但是体验的效果则会有突出的不同与变化，并且这个差异同样明显地反映在票价上。最贵的票价被强制定在最靠近舞台的剧场中间座位处，池座或包厢的首排座位部分。从这些座位观众能看到前面的表演、特写并且多少是处于视平层面*的。这样就会有最强烈的体验。随着座位越靠后，票价就越便宜，因为体验的强度减

*eye level：人眼平视的层面，本书译为视平层面。——译者注

当强调情感而非运动时，35m 就是一个神奇的数字。在全球的剧场和歌剧院中，这个数字均被使用，它是观众能够读懂面部表情和听到讲话和歌声的最大距离。

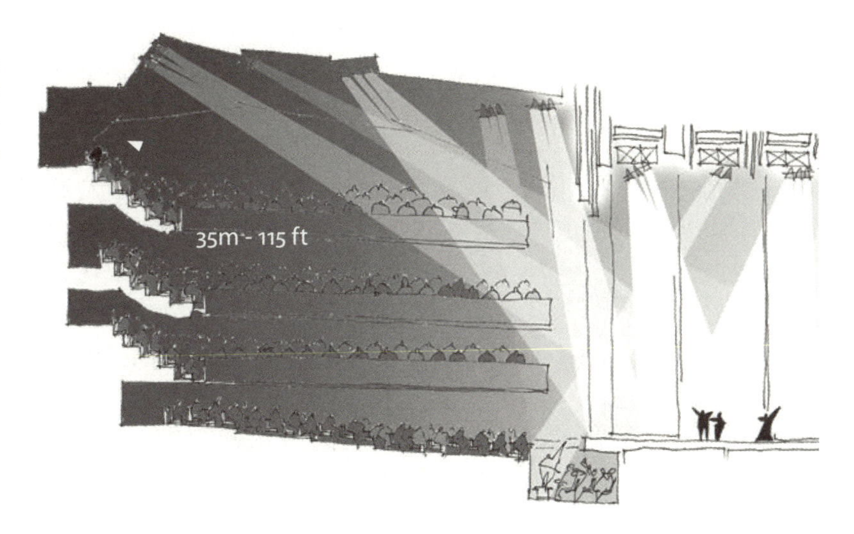

弱了，尽管座位仍是靠前的且处于视平层面。更高、更远和进一步靠向侧边，体验就变得更远，同时观看效果也会更差了，票价也就相应更低了。最后位于最远处的包厢和最靠边的座位，票价则是最便宜的。实际上从这些座位，你不可能真正看到表演，只有演员的假发和他们的行动方式能看到。作为补偿，这些持票观众能够听到演员的台词并且看到良好的侧台活动。

剧场座位与票价告诉我们一些具有重要意义的东西，即关于我们的感觉器官和人性化的交流、沟通。最具吸引力的座位区的关键词是：特写，主正面的且处于视平层面。较少具有吸引力的座位区是：较远的距离，侧边观看。最差吸引力的就是从高处看。从这个视角，观众能够看到远的景，但是肯定不会是面部表情与情感。

我们的视觉已发展到能使我们看到和理解水平面所发生的事情。如果我们从上或从下看人和活动的话，对我们而言，捕捉获取根本的信息就变得相当困难。

尺度、感官和城市空间的尺寸

大约100m处的视觉的社交范围也反映在古老城市中的大多数广场的尺寸上。100m距离使旁观者站在一个角上就能够总体观看到在广场上所进行的活动。走几步进入广场，在60 ~ 70m人们能够开始认清人，看到那里的其他人。

在欧洲许多古老的广场能够找到这样的尺寸范围。广场几乎很少大于10000m^2，绝大多数测量约为6000 ~ 8000m^2，有许多更小些。如果我们看一看尺寸的话，比100m更大的距离是极少的、罕见的，80 ~ 90m的长度更为普遍。宽度从几何形的广场到具有更普遍长方形广场有着不同的变化，一个典型的尺寸可以是100m × 70m。在这种尺寸的广场上，你能看到各处的活动。如果步行穿过广场，你能看到25m之内大多数人的面孔，以至于能够观察到面部表情和细节变化。这个空间的尺寸提供了最佳的两个领域：概括与细节。

在锡耶纳的Tuscan城，主要的广场市政广场（Piazza del Campo），是一处大型空间。它在市政厅一侧的长边为135m，另一边为90m。沿周边内侧恰好设有一排矮栏杆，它创造了在神奇的100m的体验距离范围内的一处新的空间。广场中部经过了下沉处理，如同一口深碗，提供了完美的景色和活动空间。锡耶纳的市政广场表明了大型广场也能够拥有人性化维度，它们是经过精心设计而成的。

广场——逗留与活动空间，成比例地满足人眼的活动

如前所述，在那些人行道路和街道作为活动空间的地方，其形式是与脚的线性活动有着直接的关系，广场作为空间形态也相应能与人眼及其具有在100m的半径范围内捕捉事件与活动的潜能有关。街道发出的是运动信号“请前行”（“请继续前进”），而广场则从心理上给出的是停留的信号。运动空间在说：“走，走，走”，而广场则在说：“停下来看看这儿发生了什么”。脚与眼在城市规划历史上留下了不可磨灭的印记。城市建筑学的基本的建筑体块就是运动空间：街道；以及体验空间：广场。

水平方向的感觉器官

已经提到过，当人不能从视平层面对表演进行感受和体验的时候，剧场的票价就会大幅度下跌——即从最高的包厢，特别不受欢迎的地方观看。对这一原因的解释就是人类的水平方向发达的感觉器官。当其进化演变时，视觉，其他感官和身体均已经适应了其拥有者的线性移动和水平步行的状况。在我们历史发展早期，对步行者来说，能够发现前方潜在的危险和敌人是非常重要的，并且看到他们面前道路上的荆棘和蝎子。对他们来说，同样重要的就是留神关注道路两侧所发生的事情。

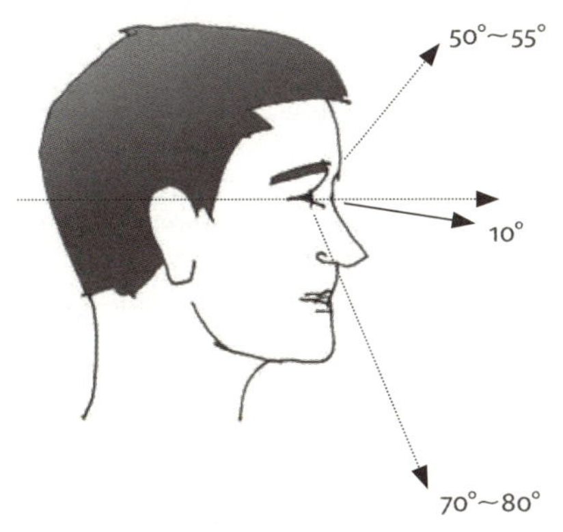

我们的视觉已发展到能使我们在水平面上行走。我们看不到许多位于上方的东西，而且只能稍微多地看到下面的东西，为的是躲避路上的障碍物。此外，当我们走路时很自然就会将头弯曲 10°。[5]

低层建筑始终是与人的水平方向的视觉器官相一致的，但高层建筑则不然（瑞典马尔默，Bo01 和旋转 Torso 大厦）。

在店铺前蔬菜摆放的位置使其自身就处于人的视域中。

眼睛会清楚和准确地看到正前方和远距离的事物。而且，眼中的感光层的视网膜杆和视锥体主要是在水平方向上加以组织的，使得我们能够看到视域之外的运动，垂直于步行方向。

然而，我们向上和向下看的视力发展是非常不同的。向下看，最重要的是看我们所占的位置，我们人类能够看到水平线以下 70°～80°。在进化史的后期，向上看，我们仅能注意到几个敌人，视觉角度仅限于水平线之上 50°～55°。

此外，如果我们需要去关注路边发生的事情的话，我们能快速移动我们的头从一侧到另一侧。我们也很容易向下低头，实际上在正常走路的时候我们的头通常是向下倾斜 10° 以便于我们能够更好地判断路上的状况。向上抬头则更难一些。[6]

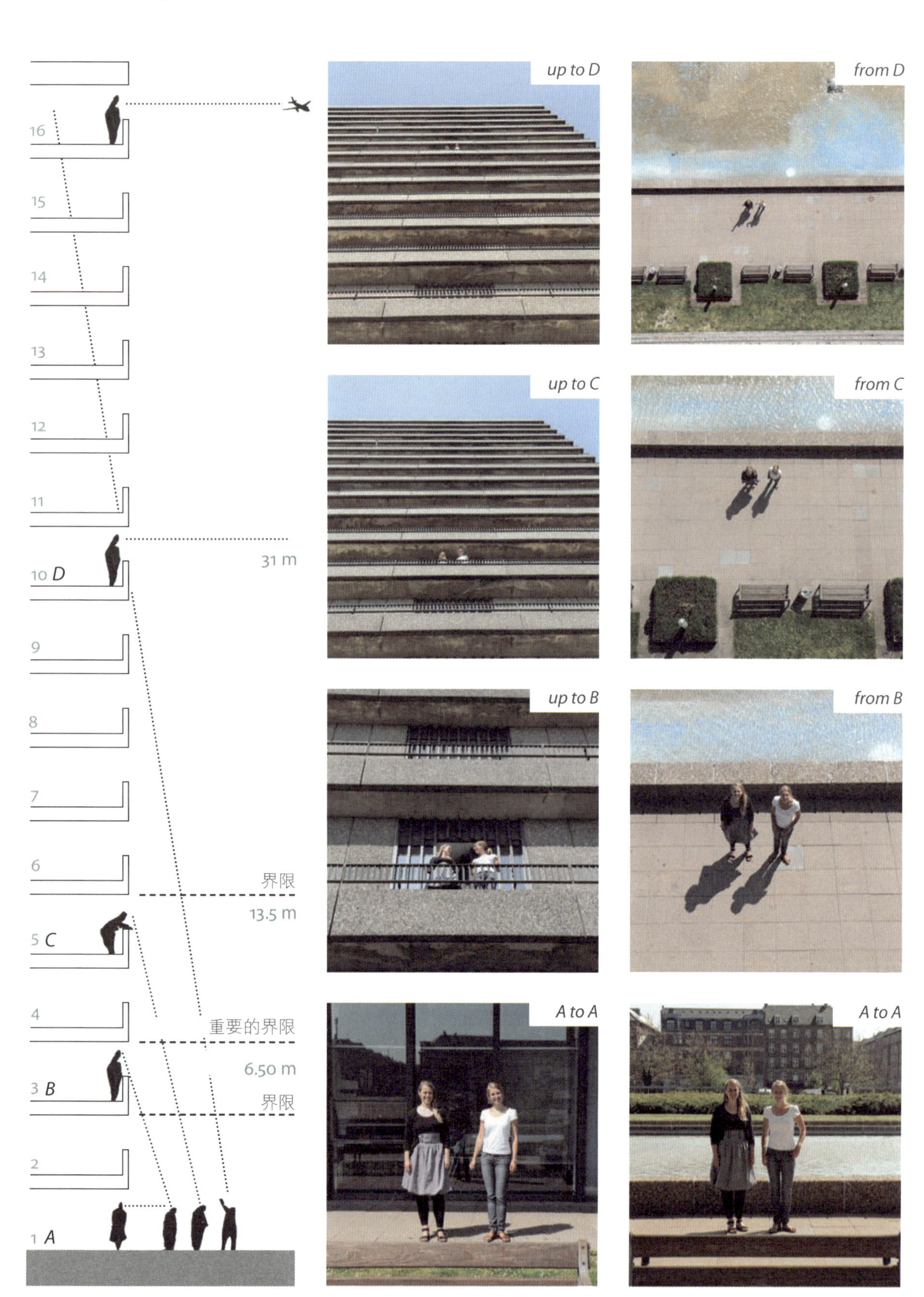
16
15
14
13
12
11
10 D
31 m
9
8
7
6
界限
13.5 m
5 C
4
重要的界限
6.50 m
3 B
界限
2
1 A
up to D
from D
up to C
from C
up to B
from B
A to A
A to A

左图：建筑与街道之间的联系在建筑最下面 5 层是有可能的。高于第 5 层与城市的接触联系很快就脱离，同时看到的联系界面则变成了云和飞机。

我们的感觉和活动器官描绘出一位非常机智灵敏的步行者的画面，他不仅向前和向下看，而且还具有向上看的有限范围。因此在树后躲藏一直就是一个好主意。向下看是足够容易的，但向上看则有着另一番故事：在字面上理解，我们必须“伸长我们的脖子。”

对水平方向的感觉器官的这种全方位阐述对我们如何体验空间，如步行者沿街行走时所能体验到的建筑的程度是非常重要的。自然地那也影响到对城市中低层和高层建筑的体验。总体上，高层建筑的上部仅仅能够在一定距离上被看到，从未在城市景观中作为近景加以观看。

在最远 100m 的距离处能看到城市空间发生的事情或看到首层的门窗处发生的事情。在这些情形下，我们也能够靠近些，达到我们所有感官所能承受的距离。从街道上，我们很难体验到建筑高处上所发生的事情，越高，越难看到。我们必须越来越向后移动地来看，距离就变得越来越大，同时我们所看到的和体验到的就变小了。喊话和打手势都无济于事了。事实上，街道平面与高层建筑的关系在 5 层之后就明显地失去了。[7]

我们水平的视域是指当我们贴着建筑行走时，只有建筑的首层部分能够带给我们兴趣和强烈的情感作用。如果建筑首层部分外观变化丰富且细部处理精彩，那么我们步行于城市中将会有同样丰富的体验（瑞典斯德哥尔摩的 Gamla Stan 和爱尔兰都柏林的建筑首层部分）。

从高层建筑与其周围环境的交流上来看，2 层以下是极佳

当我们步行时，我们有时间观察人脸和细部（意大利罗马 Nanona 广场）。当我们骑车（速度为 12km/h）或者跑步（速度为 18km/h）时，仍然有可能去观察相当多的细节。

的，3 ~ 5 层则是可行的。从那里我们能观察和追随城市的生活，谈话、喊话和挥臂都能被感知。实际上我们正参与到了城市生活之中。5 层之上状况就会发生戏剧性变化。看不到细节了。地面上的人既不能被认出，又不能被接触到。从逻辑上讲 5 层之上办公室与住宅应是空气流通层。在任何程度上，它们已不再属于城市了。

感知与速度——一个步行速度为 5km/h 的生物，也能设法达到 15km/h

以表达感觉印象为目的的我们的感觉器官和系统适合于步行。当我们以 4 ～ 5km/h 的平常速度行走时，我们有时间来观察面前发生的一切以及前面的路况。如果我们遇到其他人的话，我们就能从 100m 处看到他们。实际上在彼此面对面相遇之前仅仅用 60s 和 70s。在这个时间间隔内我们大量的感知信息就增加了，并且有大量的时间对情况进行判断和反应。

当以 10 ～ 12km/h 速度奔跑时，我们仍能感知和拥有感觉印象，并且对情况控制达到可接受的程度，假定道路是平整的，且周围环境易于理解。有趣的是跑步的体验很大程度是与以 15 ～ 20km/h 平常速度脚蹬的自行车相呼应的。作为骑车人，我们与周围环境和其他人也有着良好的感官接触与沟通。[8]

如果道路布满了障碍物，或者大的景象太复杂，那么我们跑步和骑车的速度就要降低，因为我们没有时间看、理解与反应。我们必须减速至约 5km/h 以捕捉全部景象和细节。

机动车在马路上发生事故就是较好的例证，它说明低速是多么的重要，使我们有足够的时间观察周围发生的状况，对面车道上的司机们会通常制动刹车并以步行速度驶过来进行观察。另一个但不可怕的实例就是讲座中的主讲人，他显示幻灯片太快了，直至听众要求更仔细地观看每张时才会将速度慢下来。

人性化尺度—汽车尺度

当比走路或跑步的速度更快时，我们观察与理解所看事物的机会就会大大减少。在古老的城市中，那里交通主要以步行为主，空间与建筑均被设计成观看速度为 5km/h 尺度的东西。步行者不占据更多空间且能容易地在狭窄的环境中运动，他们有时间和闲暇研究近处建筑的细部，还可以眺望远处的山体环

观看速度为 5km/h 的建筑和观看速度为 60km/h 的建筑。

5 km/h

60 km/h

5 km/h

60 km/h

观看速度为 5km/h 的尺度则拥有小型空间，小型标志和众多细部——而且人会靠近。观看速度为 60km/h 的尺度则拥有大型空间，大型标识符号且无细部。在那种速度下不可能观察细部或人。

境。人们能够相同地从远处和近在咫尺的范围内得以体验。

以 5km/h 的观看速度为尺度的建筑是以丰富的感觉印象为基础的，空间是小，建筑紧凑，并且细部、面孔与活动相结合共同提供了丰富的、深入的感觉体验。

当以 50km/h、80km/h 或 100km/h 的速度驱车行驶时，我们将失去、错过捕捉观察细部和看人的机会。在这种高速行驶下空间需要是大型的且稳定可控的，同时所有信号、符号必须加以简化且放大以便于司机们和行人能获取信息。

以 60km/h 的观看速度为尺度则要求有大型的空间和宽阔的道路。建筑从远处即可被看到，并且只有总体概括性的感知，细部和具体化的感觉体验消失了，从一个步行者的视角，所有标志、符号和其他信息都要被奇异放大。

行走于以 60km/h 的观看速度为尺度的建筑中，感觉体验是枯竭的，是无趣且乏味的。

威尼斯是一座以 5km/h 为观看速度的城市，拥有小型空间，优美雅致的标识符号，精美的细部和许多穿梭其间的人。这是一座提供了丰富体验和感官印象的城市。

迪拜主要是一座以 100km/h 为观看速度的城市：大型空间、巨型标志、大型建筑和高的噪声等级。

0 ~ 45cm
亲密距离

45 ~ 120cm
个人距离

1.2 ~ 3.7m
社交距离

3.7m 以上
公共距离

2.2
感觉与交流

大距离：许多印象，短距离：强烈印象

我们经过长的距离时会收集到大量的信息，但是从短的距离中我们获取的则是少但非常深入的信息，并在情感上得到了具有重要作用的感觉印象。对于在短距离中起作用的感官——闻、触摸，因此也具有捕捉温度信号的能力——所共同的就是与我们情感有着最紧密的联系。

在人与人彼此之间的交流沟通中，从 10m 到 100m 之间存在着非常少的变化，但是处于短距离中，接触的本质几乎是以 cm 为单位发生着戏剧性的变化。温暖的个人的和深入的交流都在非常短的距离中产生。[9]

四种交流距离

不同形式的交流会在不同距离下产生，而且根据接触的主题和本质，距离也在不断发生着变化。有关交流距离的研究强调了四种重要的交流界限。例如，如同 Edward T.Hall 在《隐藏的维度》中所描述的，四种直接的交流距离能通过特殊的说话声音程度的变化加以界定。[10]

亲密距离——0 ~ 45cm——最强烈情感交流距离。这是一种爱、温柔与抚慰的距离，而且是表达生气和愤怒的距离。这种距离，感官与情感是最紧密相扣的，闻与摸都在起着作用。我们会拥抱，轻拍，感觉和触摸。接触是亲近的，温暖的，强烈的，且在情感上是释放的。

个人距离——45cm ~ 1.20m——是亲近的朋友和家人的接触距离。这里对话或重要话题能使家人围坐，餐桌旁的交流就能说明这种个人距离。

社交距离——1.20 ~ 3.70m——交流工作、度假回忆和其他形式的日常信息的距离。起居室配套布置的咖啡桌（茶几）就是此类交流的一种良好的自然表达。

公共距离——超过 3.70m——更为正式的沟通和单向交流的距离，这个距离可发生在师生之间，牧师与公众之间，如果我们想看或听街头表演，但同时又表现出只是探查一下，不想参与的话，这种距离可被选择。

当观众想以舒适的公共距离驻足观看街头艺术家的表演时，结果就是形成了一个圆圈，构成了以娱乐表演为中心的良好空间（法国巴黎，蓬皮杜中心）。

如同鸟类一样，人们太想要保持个体之间的距离了。例子之一就是我们偏爱的臂长距离，这体现在人们在公共汽车站排队的方式上（约旦阿曼、日本千叶、加拿大蒙特利尔）。

距离与交流

无论人们之间在何处交流，我们都能看到他们不断地在使用着空间与距离。我们会靠近些，或是身子向前倾，或是谨慎地后退。和物理距离一样，温暖与触摸是其他重要参数。

运动（活动），距离和温度的重要意义同样反映在语言中。我们会谈论过来，谈论离开，谈论恋爱，以及谈论打退堂鼓的事。我们会谈及亲密的友谊，最近的思念和远房亲戚。

人们会有温暖的感觉，热烈讨论与甜蜜的约会。相对地，我们会冷冷地一瞥，冷冰冰地凝视，以及通过冷冷地耸肩以表示对事物的怠慢与漠不关心。

我们在所有生活场景下都会运用这些最基本的原则进行交流和沟通。其有助于开创、发展、控制与总结我们知道和不知道的人际关系，同时帮助我们传达何时希望或不希望交流的信号。

这些交流的根本法则的存在是重要的，其能使人们在公共空间中能够安全舒适地行走于陌生人中间。

臂长原则

不同于许多其他种群，人类是一种“不触摸”的独立个体。亲密距离是交流强烈情感印象的区域，除非有特殊邀请，这个区域才允许有他人存在的。这种个体保护着这个区域，它被描述成一个不可见的，个人的保护罩。而其他人，十分不夸张地说，就是保持一臂之隔。

臂长距离原则——或者说是最小的非接触距离——在所有的环境中均可看到：在海滩、在公园、长凳上、在城里等人或等物，或者排队等车。无论何地都有可能，个体寻求保持这个狭窄但至关重要的距离，它使得所处状况安全且舒服。

当人群蜂拥上车或进入电梯时，我们处理这种不可避免的自然接触是通过收紧肌肉且避免直视他人面孔的方式。在电梯中，我们会将手臂伸直于两侧，同时我们的眼睛最喜欢紧盯着显示停靠楼层的数字发光板。尝试在电梯中交流对话几乎是不可能的，因为这里没有空间再“退回”。

人们之间的交流需要空间达到一个合理的量。我们必须能够调整、发展和涵盖活动。如果我们坐在餐桌旁或围坐在咖啡桌（茶几）旁，我们能够向前倾或向后靠，这样不断地通过小的变动调整谈话的距离。在街道和广场上，我们能够通过一整套设计的舞蹈动作跳起舞来，舞蹈动作中有接近、靠近、编织和后退，最后优雅地退回到场地中。良好的对话、交流需要一定量的范围。我们在此不讨论许多具体数字，仅仅讨论房间在社交与个人距离之间的调配。

下图：一条涂了颜色的线被用以表示一个适合的公共距离，使警卫室附近的游客保持于此线之外（瑞典斯德哥尔摩皇家城堡）。
右图：对个人空间的尊重体现在座位的选择上（纽约市华盛顿广场公园）。

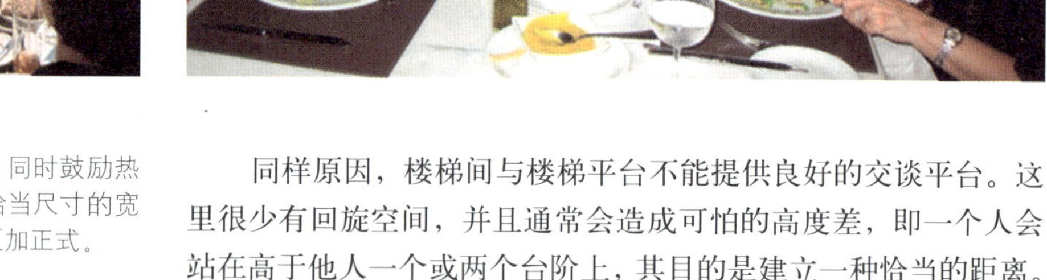

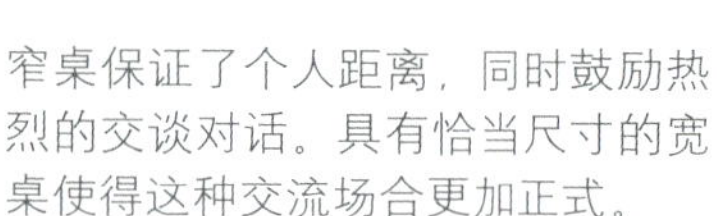

窄桌保证了个人距离，同时鼓励热烈的交谈对话。具有恰当尺寸的宽桌使得这种交流场合更加正式。

同样原因，楼梯间与楼梯平台不能提供良好的交谈平台。这里很少有回旋空间，并且通常会造成可怕的高度差，即一个人会站在高于他人一个或两个台阶上，其目的是建立一种恰当的距离。在相同高度且有回旋空间的情况下，这种交流总是会更舒服。

交流与尺寸

对感官和接触距离的全面了解为规划尺寸与房间装修布局提供了有价值的开端。如果晚宴在狭长的餐桌旁进行，愉快的心情就会油然而生，因为每个人都能跨越桌界与几个方向的人进行对话。换句话说，就是在舒适的并且个人独立的距离范围内有着许多交流伙伴。如果餐桌较宽，人们仅能与临近左右的客人进行谈话。如果人们试着围绕一个宽的餐桌敞开对话的话，他们必须提高嗓音并且使其他交谈停下来才行，这种未表达出来的设想好像是在表示喊出来的话一定是重要的，因为它是以公开的大声调加以传达的。庆典活动结束了，人们缓慢启程离开，分离点就是几个人紧挨着进行道别，其他人则处于公共距离内。整个活动变得更加正式。

在社区工作间中，我们能看到桌子紧凑地布置在一起是十分普遍的，由四个组成一个方块区域，这样人们能成组地工作。这种方式，保证小组的任何人在这个大型桌子周围都拥有自己的空间。然而横跨桌子的距离就太大了以至于小组成员不可能真正相互交谈。在大桌旁每个人必须大声说话才能交流。实践中，像这样的组群工作状况是不好的。小桌和许多人紧密地坐在一起是更好的方案和解决办法。代替了公共距离，现在我们有了个人距离或社交距离；使我们的声音能够降下来并且能够感知出细微差别。

自然地，在教学中对感官与距离进行细致的研究，也是重要的。师生间的眼神交流，或是尽可能近距离接触都是确保更深入的多层面的交流与沟通。

“保证从未有过完全够用的空间”

考虑到任何教学场合，“保证从未有过完全够用的空间”这句话就是一个普遍的忠告，它是由丹麦皇家美术学院建筑学院的景观教授 Sven-Ingvar Andersson 于 1963 ~ 1994 年提出的，“如果你期待一个讲座有 100 名学生参加的话，你就要找一间仅容纳 50 个座位的房间。”这个房间会很快坐满，并且每位听讲座的人都将会认为这一定是一场非常重要的讲座，确实因为已有了许多人。最后进入的同学会认为自己是幸运的，能找到一处站着听讲的空间。这种氛围被得到加强，而且期望值很高。在报告人与学生之间的距离要尽可能适度，这将使得每位听众的体验更深刻。

相反的情况下，50 个学生分散在一个容纳 300 座的报告厅，每个人都想知道为什么其他人没有来。人们开始猜测是否在学校里还有最重要的活动在进行。这种氛围带来的注意力是不够的，并且这个讲座必定是在所需的必要距离更远的距离范围内进行的，带来的讲座效果就会不好。无论讲座安排得多好和讲座人讲解得多么生动，整个讲座也将会有些许乏味和不如人意的。

小尺度意味着令人兴奋的，热情的且“温暖”的城市

在各种不同的沟通与交流环境中，距离、强度、亲密和温暖之间的联系与解释和体验城市与城市空间有着十分有趣的一致性。

一个完美的空间，为日常活动提供了良好的交谈环境。提供一种良好的社交距离的愿望，决定着在城市浴池中热池的尺寸（冰岛雷克雅未克）。

人与人之间温暖、强烈的接触发生在近距离范围内。小型空间和较近的距离传达了一种与温暖的，对情感具有强烈作用的城市环境相一致的体验——不考虑天气的情况下（日本东京，澳大利亚珀斯，丹麦Farum）。

在狭窄的街道和小型空间中，我们能够在周围近距离范围看到建筑、细部和人。有许多对文化的吸收，建筑与活动丰富多彩，而且我们怀着极大的强烈愿望加以体验。我们感受到这种场景是温暖的，个性化的且受到欢迎的。

这与城市和城市群体中的体验形成鲜明对比的是那些距离，城市空间与建筑都很巨大，建筑蔓延分布，缺乏细部，也因此成为无人或很少有人活动的地方。

这种类型的城市情境通常被认为是无人情味的，布局规整且表情冷淡。在布满了尺度大且分散的建筑区域的地方，一般没有太多可体验的，同时对于那种与强烈情感紧密维系的感觉，是绝对不存在的。

在非人性化的、布局规整的、表情冷淡的城市环境中的大型空间和大型建筑标志。

威尼斯的尺度的混乱状态。虽然现代技术使得我们建造了大型的东西，但它也对人性化尺度的理解增添了混乱。(途经意大利威尼斯加里波第所看到的客轮)。

新加坡河两旁的尺度变化。古老的 4 ~ 5 层建筑遇到了新的摩天楼。这易于产生一种幻想：不同的建筑被想象成是为两种不同种群而建的。不出乎意料的是，几乎所有的河岸边的户外活动都发生在低层建筑的前面。

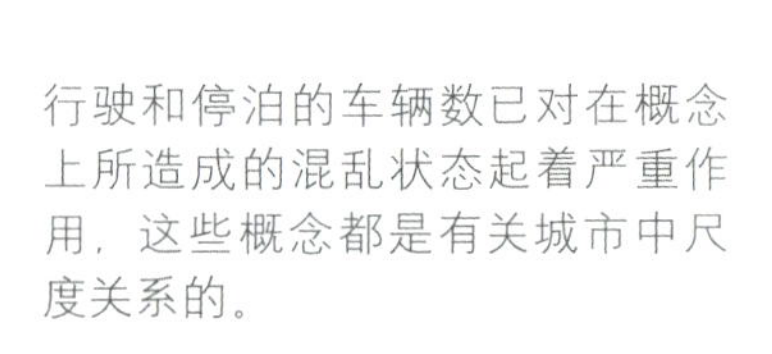

行驶和停泊的车辆数已对在概念上所造成的混乱状态起着严重作用，这些概念都是有关城市中尺度关系的。

2.3
被毁掉的尺度

太大太高与太快

传统的有机的城市是在多年日常活动积累的基础上发展起来的。另外的交通，并且城市结构也是以代代人的体验、经验传承为基础的。这种结果就显示出城市是建立在一种适应于人类的感官与潜能的尺度之上的。

今天城市规划的决策都是在图板上进行的，并且在决策与实现之间几乎无时间损失。新型交通的速度和通常为巨型规模的建筑项目推动了新的挑战。有关尺度与比例的传统知识逐渐地被丢掉了，伴随的结果就是新的城市区域经常被以一种远离人们所感知的有意义的且舒适的尺度与规模而加以建造。

如果我们要鼓励步行和自行车交通，并且实现建设具有活力的，安全的，可持续的且健康的城市的梦想，就必须开始于对人性化尺度的全面认知。理解人体尺度是重要的，如果我们有目的地研究且恰如其分地运用它，同时还阐述了在小且慢的尺度与也存在的其他尺度之间的相互作用。

汽车与被毁掉的尺度

引入汽车和汽车交通对城市的尺度和维度所产生的混乱，具有决定性的作用。汽车本身就占用了许多空间。大量的公共汽车和卡车都是巨大的，甚至小型欧式紧凑型汽车在为人创造的空间中也显得较大，汽车行驶时占用了大量空间，停车时也同样占用了大量空间。一个容纳仅有 20 或 30 辆汽车的停车场就占用了与一个好的小型城市广场尺寸相同的空间。而且在城市区域中，当速度从 5km/h 增至 60 或 100km/h 时，这种空间尺寸也相应发生了戏剧性的增加，可能的城市景观的形象和景象也相应进行了变化。

50 多年来，汽车与汽车交通已迫切成为城市的规划问题（50 多年），同时比例和尺度感逐渐地越来越倾向于汽车。很少显示：人们有能力对作为两种不同专业的人体尺度和汽车尺度之间的关系进行有目的的研究，因为汽车问题已严重地混淆了尺度的理解。

规划思想体系和被毁掉的尺度

与汽车交通和建筑技术的发展相一致，规划思想也相应跟随引入巨型距离、高层建筑和快速建筑。现代主义对 20 世纪 20 年

甚至在中世纪城市中一辆小型汽车都显得尤为突出，同时一辆校车也会占满整个街道。（危地马拉圣地亚哥阿蒂特兰）。

代和30年代的街道模式和传统城市的拒绝以及对功能主义思想（清洁的采光良好的住宅）的引入则导致了在高速路之间普遍布满了高层建筑的城市景象。另外，在共享的城市空间中，步行、骑车和与他人会面不是这些景象其中的一部分，这些景象在随后的几十年间对全世界的新的城市发展起到巨大的影响和作用。

任何时候如果规划师被要求将城市设计成不仅使生活困难，而且也不鼓励人们进行户外活动的话，那么它几乎不会比20世纪以这种思想和基础发展起来的城市的状况的效果更好。

巨型建筑、大想法、大尺度

社会经济与建筑技术的发展已逐步产生了一种不可预测的尺度下的城市区域和独立建筑。更多的财富造成了为追求所有功能的更大的空间需求。工厂、办公楼、商店和住宅：所有功能单元都已产生。建筑结构和委托任务也相应产生，并且施工速度更快了。建筑技术保持着与理性的生产方法同步，就使得新的更宽的更长的和更高的大厦得以建造。尽管过去城市是通过沿着公共空间增加新建筑的方式得以发展的，但今天新的城市区都是停车场和大型道路之间的随意的、令人惊叹的单体独栋建筑的聚集。

在同时期，建筑思想已发生了转变，其关注点从矗立于城市文脉环境中的有着精心的细致处理的建筑转向了令人惊叹的单体建筑作品的创造。这种单体作品经常具有矫揉造作的、不自然的设计语汇，建成之后是要在很远的距离被瞬间观察到。如同这种尺度一样，梦想与想法都是巨大的。

为什么现代城市看起来是这样的，为什么规划师和建筑师已普遍地变得如此思路不清、神志迷乱，并且在对人性化尺度的研究中脱离实践之外。针对这些问题，从经济、技术和思想体系上都有了良好的解释。

尊重人性化尺度的建筑

在这种关系中，有趣的注意到在这个时期中存在着这样的规划师和建造师，他们理解了如何将新的挑战与尊重人性化尺度相结合。在瑞典籍英国建筑师拉尔夫·厄斯金（1914 ~ 2005 年）的工作生涯中，他显示出了在新建筑中尊重人性化尺度的方式，例如 1969 ~ 1983 年在纽卡斯尔建成的 Byker 建筑群。

瑞典马尔默的 Bo01 建筑群（2001 年），挪威奥斯陆的 Aker Brygge 区（1986 ~ 1988 年）和德国弗赖堡的新城区 Vauban 的住宅，都是以关注人性化尺度为前提而设计的新的城市区域的其他范例。

另一种类型的建筑，其对人性化尺度的考虑因素几乎总是很明显的，那就是商业中心、娱乐公园餐厅和海滨旅馆，那里为人创造舒适条件是追求商业成功的前提条件。这些例子显示出有意识对人性化尺度的研究，并与其他尺度的要求进行各种不同的结合，是有可能的。

面临的挑战就是追求良好的人性化尺度的原则必须自然地成

建筑师拉尔夫·厄斯金的这个建筑群体的设计反映了他对这种大小尺度关系的处理秘诀（英国纽卡斯尔 Byker）。

对人性化尺度缺乏理解与尊重影响着绝大多数新城与建成区。建筑和城市空间日益发展得越来越大，但是被期望着去使用它们的人则总是小的（巴黎拉德方斯，法国里尔“欧洲里尔”项目，巴西巴西利亚）。

对于顾客和游客，至关重要的是感觉受到了欢迎，因此所做的每种努力就是要保持与人性化尺度相和谐的户外空间的尺寸与设计（约旦死海边的度假旅馆和澳大利亚Freemantle，“The Cappucino strip”）。

为城市自然组成格局的一部分，目的是吸引人们在城市空间中步行与骑车。由于诸多原因，未来我们必将会建造许多大型的综合体和带有巨型尺寸和众多层数的建筑。但是忽视、漠视人性化尺度永远不是一种选择。

人体，感官和移动性都是为人创造良好的城市规划的关键。在此所有的答案都是正确的，被囊括在我们自己的身体中，这种挑战就是要建造在视平层面的辉煌城市，其中高层建筑则是从美丽的低层建筑中升起来的。

“举棋不定时，就让出一些尺寸（米数）”

而对着非常真实的诱惑；为极少数人设计更大的空间，同时为了安全起见，在建筑物之间的空间中增添了些许额外的米数，在建筑之间的空间中，几乎在每种情况中，忠告就是降低尺寸以遵从这条谚语“举棋不定时，就让出一些尺寸（米数）”。

第3章

一个充满活力的、安全的、可持续的且健康的城市

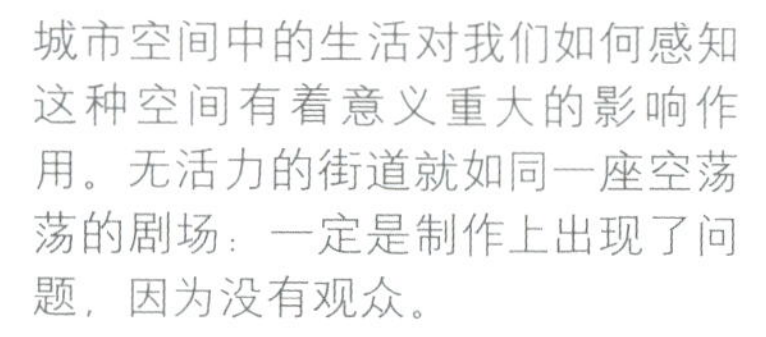

城市空间中的生活对我们如何感知这种空间有着意义重大的影响作用。无活力的街道就如同一座空荡荡的剧场：一定是制作上出现了问题，因为没有观众。

城市中的生活是一个相对的概念。它不强调所数出的人数，而是强调对受欢迎的和所使用的场所的那种感受。（巴西与荷兰的地方街道，和纽约 Flushing 的一条城市街道）。

3.1
充满活力的城市

作为一种过程的城市生活

充满活力的城市——无活力的

虽然受人欢迎的，充满活力的城市本身会是一个追求的目标，但它也是全面的城市规划的出发点，涵盖了城市规划这个全面的使城市具备安全的、可持续的和健康的至关重要的品质。

当规划师追求的目标远远大于仅仅保证人们在城市中能步行和骑车的时候，其关注点就会从仅仅提供充足的运动空间扩大到具有更重要的挑战上，即使人们能与周围社会有着直接的接触和交流。依此这就意味着公共空间必须是鲜活的、有活力的，同时为许多不同群体人们所使用。

在城市公共空间中，在生活和活动的功能与情感品质方面，只有无活力的城市（与充满活力的城市相反的），才会制造出这种更让人辛酸的状况。

充满活力的城市带着与社会相互作用的承诺，传达着友好和欢迎的信号。其他人本身的存在就传达着此处是值得停留的信号。一个座无虚席的剧场和一个寥无几人的剧场则传达着两种完全不同的信息。一个信号预示出一种共同的，使人愉悦的体验。另一个信号则显示出有些不太对劲的状况。

充满活力的城市和无生气、死气沉沉的城市也传达出完全不同的信号。建筑透视图总是表达出建筑之间成群成簇的快乐的人群，这是在不考虑所描写刻画的设计方案的真实品质的情况下的，但它也告诉我们公共场所的生活是一处重要的城市景点。

充满活力的城市——一个相对概念

脑海里出现的建筑画中欢乐成簇的人群，重要的是认清城市中生机和活力的体验不限于数量上。充满活力的城市是一个相对的概念。走在狭窄的乡间小路上的几个人就能够很容易地表现出一种活泼、令人心动的画面。这不是关于数字、人群和城市尺寸的事，而是关于感觉的事，感受到城市空间是吸引人的、受人欢迎的，它创造了一处充满意义的场所。

充满活力的城市需要不同的且复杂的城市生活：在那里娱乐和社交活动与必要的步行交通空间相融合，而且提供了参与城市活动的可能性。过分拥挤的人行街道，大量人群穿梭碰撞着，从

没有什么发生是因为没有什么存在，没有什么存在又是因为没有什么发生……（哥本哈根 Tuborg Harbor）。

城市中的生活是一种自我加强的过程。事情的发生是有连锁效应的。有什么事情发生是因为有什么事情存在，有什么事情存在又是因为有什么事情产生而导致的。一旦孩子们的游戏进行了，则很快就会吸引更多的参与者。相应的过程也作用于成人活动中。有人在的地方就会有人来。

一处到另一处，根本不表明城市生活的良好状况。尽管有关活力城市的讨论围绕着数量而展开，即讨论参与者的有意义的最小容纳值，但品质的追求则是一个同样重要的关注点，同时强调多层面邀请的需求。

城市中的生活——一个自我加强的过程

受人欢迎的城市必须具有经过精心设计的城市空间以支撑这种加强城市生活的过程。一个重要的前提条件就是城市生活是一个潜在的自我加强的过程。

“有人在的地方就会有人来”是斯堪的纳维亚的一个普遍说法。人们自发地受到活动和他人存在的鼓舞、驱使和吸引。透过窗户孩子们看到其他孩子在户外玩耍，就会急于加入进去。

一加一很快大于三

与良好的习惯和日常事务相结合，良好的空间与重要的规模组织是创造过程的前提条件，在这个过程中小型活动能够兴旺发展。一旦这种过程开始进行了，就会有更多的良性螺旋的上升，其中一加一很快就大于三。

有什么事情发生是因为有什么事情存在，有什么事情存在又是因为……

我们在许多区域看到十分对立的状况：多风且城市空间界定差，空间中许多人分散在一个大的区域中，且很少有孩子们在“居住小区”中出现。在这种情况下，由于积极的过程还须在此立足，因此这些人不习惯于冒险出行。

没有什么事情发生是因为没有什么事情存在，没有什么事情存在又是因为……

集中或分散人与活动

在许多现代化城市区域中，人与活动之间少且远，几乎很少有人和活动存在于城市空间中。作为一种自我加强过程的城市生活的潜力强调了认真审慎的城市规划的重要性，使得生活被集中于和吸纳到新的城市区域中。

为活动和聚会的规划是我们熟知的活动集中的原则，目的是使良好的过程得以启动。如果我们期望的是有限数量的客人，则我们需要将他们集中于同层的一些房间里；如果空间有些拥挤，那通常不是大问题——则会恰恰相反，如果我们尽力将同一活动分散到许多大房间中，可能甚至跨越好几层，这将会不可避免地失去了令人难忘的印象。

这个原理强调了成功的活动能被恰当地用于现代城市规划中，这种规划不能依赖于大量的参观者。在此我们需要强调人与活动仅在少量且同一层的恰当尺寸空间内进行。

新的居住区很少受到人们的欢迎。一个世纪之前，7倍数量的人住在这个同样大小的空间里。[1]

	1900 老城区	2000 新城区 （高密度）	2000 新城区 （低密度）	2000 新城区 （郊区）
家庭的一般构成	4人	1.8人	2人	2.2人
每位居民的平均居住面积（m^2）	10	60	60	60
容积率	200%	200%	25%	20%
每公顷住宅数	475	155	21	8
每公顷的居民数	2000	280	42	17

重要的是人与活动相结合。然而，过多过大的户外空间成为新的居住区的典型标准。鼓励城市生活的进程从未有机会得以开始。

这些简单的原理已被一贯地体现在威尼斯这座城市中，城市中有紧密相扣的城市结构和成簇的步行人群。尽管有着众多街道、巷弄和广场，有着各异的尺寸，但基本的结构会给人造成假象，是简单的，是集中围绕有限数量的主街而布置的，这些主街则是与重要的目的地和主次广场的严格等级体系相连的。整座城市围绕一个简洁的网络而建的，它提供了最短捷的路径和少量但重要的空间。当重要的空间很少且路径从逻辑上是伴随着明显的令人满意的步行线路时，更多努力的工作就会投入到对单个空间的品质追求上。

商店、餐馆、纪念物和公共性的功能均会被合乎逻辑地布置在人们可能路经的地方。步行距离看似更短了，体验的行程更多了。你有机会将有用的与令人愉悦的活动结合起来——并且所有均通过步行。

期待：短捷的且合乎逻辑的路径，小型空间和清晰的城市空间等级体系

这些都是明确追求的品质，能被用于现代城市规划中突显优势。鼓励城市中的生活的关键词：紧凑、直接且合乎逻辑的路径；朴素适中的空间尺度；以及清晰的等级体系，在体系中确定出哪些空间是最重要的。

这些原理与实践于众多当代城市区域中的城市规划形成了鲜明的对照。这里规划师标准地建造了太多的公共空间，并且使得单个空间更加巨大。街道、林荫大道、弄巷、大街、小径、阳台、花园、屋顶花园、院落、广场、公园和娱乐区几乎不假思索地赋予了自然的序列，堂而皇之地布满在平面上，序列中广场是重要的，或者达到了更有意义的建造它们的程度。几乎在每种情况下，结果就是太多的面积和空间，对于少量的游客和参观者则是太大了。只有在建筑图上，同样少量的人能立刻出现在许多不同的场所中。实际上，所做的每件事情都阻碍着积极的螺旋发展不能源于曾经真正获得的立足点。

没有什么事情发生是因为没有什么事情存在，没有什么事情存在又是因为……

威尼斯 1：50000

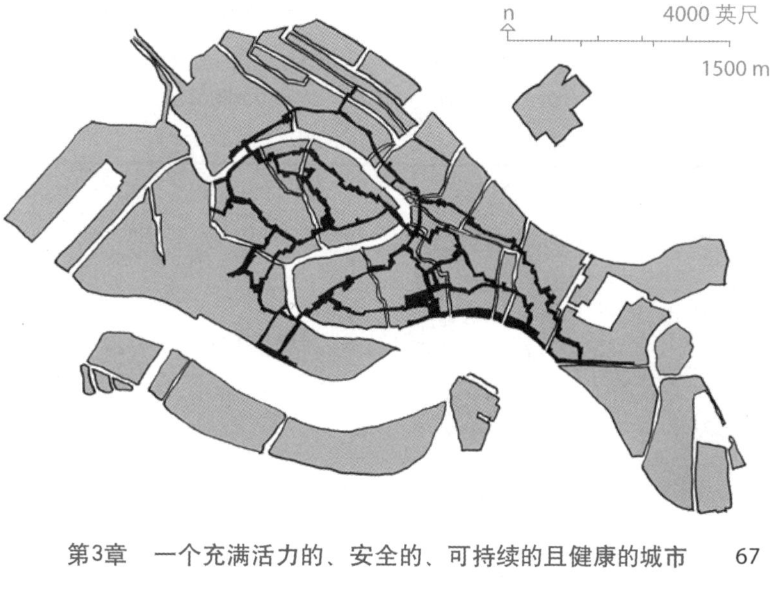

n
4000 英尺
1500 m

尽管威尼斯的主要街道形成的路网可能看起来是错综复杂的，但它却是既简单又紧凑。街道尽可能直接，连接着城市最主要的活动中心：主要的桥，重要的广场和公共交通枢纽。

稠密的城市——充满活力的城市吗?

稠密的城市，充满活力的城市——一个带有限定条件的真理

广泛地认为充满活力的城市需要高的建筑密度、住宅与工作场所大量集中。

但是充满活力的城市真正所需要的是有吸引力的城市空间，与希望使用它的一定的主要人群的结合。无数案例都说明高的建筑密度和差的城市空间相结合根本不起作用。新的城市区域经常很稠密并且完全被开发，但是它们的城市空间太多，太大且太贫乏了而不能激发人们的兴趣进入其中。

事实上，我们经常看到规划不当产生的密度确实阻碍了好的城市空间的建立，这样冷却了城市中的生活。悉尼市中心是由高层建筑所控制的。许多人在黑暗、嘈杂并伴有强烈的阵阵狂风的街道两侧生活和工作的。这种街道让人们从一处到达另一处，但却相当不受欢迎。纽约市的曼哈顿也有许多关于摩天楼群底部黑暗、不受欢迎的街道的例子。

合理的密度和良好品质的城市空间

城市生活是有关量和质的事。单一的密度不会必然的产生街道上的生活。尽管许多人居住和工作在高密度的建筑中，但是周围的城市空间可能会容易地变成黑暗的而且是被禁止入内的（下曼哈顿区，纽约城）。

相比之下，纽约的格林尼治村和 Soho 总体上建筑密度比曼哈顿低，但仍具有相对高的密度。建筑降低了一些就使得太阳能照射到种有行道树的街面上——同时生活产生了。在纽约市的这些地方建筑紧挨着。层数较少城市空间更具吸引力，这比起那些许多人生活和工作的高密度、高层区域，有了相当多的生活。对于有着更高密度的区域来说，合理的密度和良好品质的城市空间几乎总是令人喜爱的。它常常特别容纳了对吸引力的城市空间的创造。

在这些高层建筑周围，城市生活降低的另一个问题就是在顶层的人们——公寓和工作场所——比起那些生活和工作在底部 4 ~ 5 层的通常很少体验城市，投入到城市中。这些低层部分使得使用者与城市空间有着视觉上的接触，并且这种内与外之间的“往返里程”也不被认为是过长且困难的。

对丹麦住宅区的大量研究普遍显示出，与起那些住在更高层建筑的家庭相比，2 层到 2 层半的城市住宅的开发使得每户都拥有相当多的街道生活和相对高的社会化程度。[2]

结论就是为创造非常高的建筑密度而矗立的高层建筑和品质差的城市空间，对于充满活力的城市追求都不是有益的方法，即使承包商们和政治家们经常采用建设高密度建筑区域的方法以达到生活与城市相融的目的。

具备：高密度——期待：更好的密度

城市生活自身不会凭空产生或简单地与高密度相呼应而自动地发展起来。整个问题需要一个目标性的且非常多样的不同的方法加以解决。充满活力的城市要求紧凑的城市结构，合理的人口密度，可接受的步行和骑车距离以及品质良好的城市空间。代表数量的密度必须与良好的城市空间品质相结合。

有许多途径应用一种聪明的建筑学方法以解决相对高的建筑密度问题，如不创造过高建筑、过暗街道、不建构心理屏障以鼓励居民从内部空间走出来，去外部空间“旅行”。

密度和良好的城市空间——在古老的城市中

密度和良好的城市住区显示出紧凑密度和良好城市空间的一种结合，如巴黎和哥本哈根的市中心。在巴塞罗那世界著名的Cerda城的城市结构也具备了精美的城市空间，活跃的街道生活，实际上它比纽约市的曼哈顿有着更高的开发密度。

密度与良好的城市空间——在新的城市区域

一个著名的新的城市区域就是挪威奥斯陆滨水沿岸的Aker Brygge（1984～1992年）。对于密度，混合的功能和良好的城市空间均赋予了仔细的斟酌与思考。尽管有高的建筑密度（260%），但建筑似乎没有那么高，因为沿街有着低层建筑，高层建筑则退到了更后面。

城市空间与活跃的底层临街面有着良好的比例关系，并且在较大部分归功于良好的设计，整个区域成为少数欧洲新的城市区域之一，那里人们真正享受着所度过的时光。密度是高的，但它是恰当的。

奥斯陆的Aker Brygge建筑群是相对较新的建成区之一，它拥有高层建筑，高密度以及良好的受人欢迎的城市空间。这种组合使得这个地区非常具有吸引力且受人喜爱。

城市中的生活更多是与数量和时间有关的。在步行化的城市街道中生活是存在的，因为人们在视觉范围内是长时间出现且存在着（意大利威尼斯和中国北京的胡同）。

在汽车道上的快速交通构成了许多部分，但很快就消失在视线之外了。当交通慢下来或暂时停止时，则才会看到更多。

多少和多长：数量与品质（量与质）

城市中的生活——数量与时间的问题

正如已经提到的，人们广泛地认为在城市空间的生活很大程度是使用者的人数问题，但是这个问题几乎不那么简单。

使用者的人数，数量，是一个因素，但是对于城市中的生活而言，另一个相当具有重要意义的因素就是使用者在公共城市空间度过的时间的量。当我们在城市中游走时正如我们对它的体验一样，城市空间的生活是一个关于在约100m的社交视觉领域内看多少与体验多少的事。视觉领域中的活动是与存在的其他人的数量和每位使用者在场地上所度过的多少时光有关。这种活动程度仅仅是数量与时间的产物。与空间中有群人在那里逗留、消遣时光相比，许多人快速经过空间则带来的是城市中相当少的生活。

在strøget，哥本哈根的主要步行街之一，步行交通夏季比冬季要缓慢35%。[3] 这意味着同样的人数在街上的活动程度增加了35%。普遍的事实是在城市空间的活动程度经常在好的天气下会有显著增加。这种差异不是指城市中要必然地存在着更多的人，而是指单个使用者要在那里度过更多的时光。我们缓步慢行，时停时走，而且被吸引在休息凳上或在咖啡馆中稍加逗留和休息。

更慢速的交通意味着充满活力的城市

众所公认的，城市中的生活是“多少（数量）”和“多长（时间）”的产物，它有助于我们理解许多城市现象。计算数字和时间对于加强城市中的生活是一个必要的规划工具和手段。

威尼斯尽管人口数量已剧烈减少，但它拥有难以忘怀的高水平的活动。这种现象的解释就是所有交通全是步行的，每个人漫步游走，有着许多自发性的逗留、驻足。骑车和其他的水上交通也是以一种令人愉悦的速度前行着。所以尽管是人和船数量少，但也总是有东西可看，因为慢速交通就意味着充满活力的城市。

相对照的，我们许多现代的以车行为主的郊区虽然包含了更多的人，但是交通却是快速的，且逗留的人都很少。汽车刚刚进入到我们的视野范围也就很快移走了。这也解释了为什么几乎无任何体验的原因。快速交通则导致无活力的城市。

在探讨整顿交通和重新制定的交通原理中，一个重要的论点，就是当人们慢速移动时，城市居住小区中就存在着更多的生活。要创造吸引更多人步行和骑车的城市，其目标就是给街道带来更多的生活，给人们带来更加丰富的体验，因为快速交通将会变成更加慢速的交通。

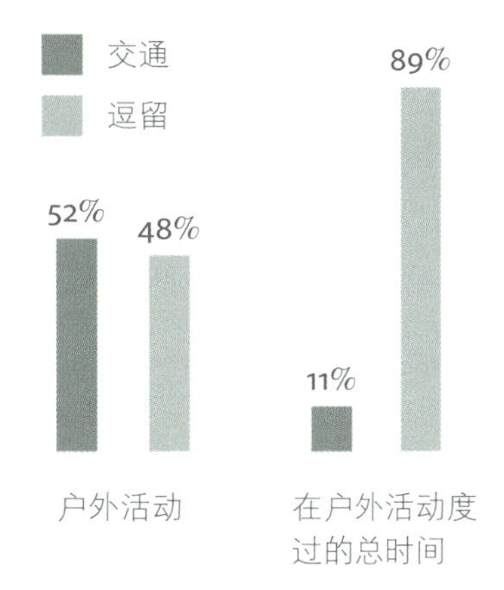

一项对加拿大 12 条居住型街道的户外活动的研究。“来与往”的交通活动占据了活动数量的 50% 之多，但时间都非常短。逗留活动持续的时间平均为 9 倍长，因而带来了 89% 的街道生活。[4]

更长时间的逗留意味着充满活力的城市

1977 年对位于加拿大的滑铁卢（Waterloo）和 Kitchener 许多居住型街道（居住区内的街道）进行了研究，记录了公共空间中的活力。沿街半数的活动可被归类为“来与往”的活动——无论是汽车，自行车还是步行，其他半数与临街或街边的人所从事活动有关，其中活动有玩耍、维修、园艺、谈话与休息等。后者特别在前院或门廊中的居民可以密切注意正在发生的事情。

因此“来与往”的人数与在家附近逗留的人数是一样的。但是由于从前门到街角的距离仅有 100m，所以“来与往”也不花费多少秒数。从车返回到家的前门也不花费很长时间——平均 30s，事实上对街道上的生活没有起到太多的作用。

对比之下，逗留活动持续的时间更长且各种不同的停留活动则引起了 89% 的街道生活。只有 11% 的街道生活是有目的性运动。这些统计对长时间的户外逗留与充满活力的城市之间的联系起到支撑作用。[5]

大量关于城市生活的研究在哥本哈根和奥斯陆的新和旧的无车广场中进行了，它强调了研究持续时间和人数对创造充满活力的、具有吸引力的城市空间的重要性。研究的地点是按每日有 5000 ~ 10000 行人的顺序进行的。尽管如此，一些地点似乎荒芜了，而其他则富有生机。这种差异仅仅体现在一些广场只服务于将步行者从一边运送到另一边，而其他的则将逗留、体验和舒适性与步行的可能性相结合。将步行与逗留相结合的广场记录了活动程度，与交通型广场相比，它的使用率是 10 倍，20 倍有时甚至最高达 30 倍。[6] 如果以追求充满活力的具有吸引力的城市为目标的话，那么唯一的理由就是研究逗留的可能性与吸引点。

更多的人——或是更多的分钟?

每当政治家、承包商、地产经纪人和建筑绘制者对确保充满活力且具吸引力的城市表现出值得称赞的兴趣时，必须要指出的是强调高层和紧凑的密度几乎不靠主题——甚至不是围绕最至关重要的问题加以解决的。

在一个既定的环境状况下，可以从量和质上对城市中的生活加以影响，从量上是通过邀请更多的人来实现，在质上则通过吸引人们更长时间停留和减速交通的方式来实现。几乎总是更简单且更有效率的解决方法就是提高品质，从而使人们愿意来度过时光，而不是简单地在空间中增加游客人数。

研究时间与品质，而研究非数字与数量，总体上也提高和改善了城市品质，使得每个人在一年中每一天都能获益。

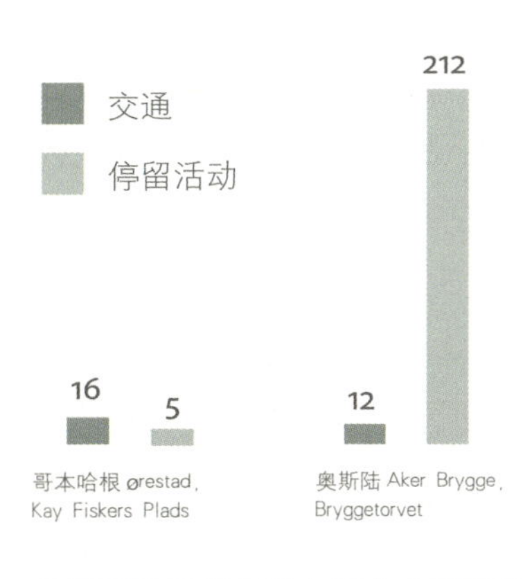

柱状图显示出分别在哥本哈根和奥斯陆两个新建成的广场上逗留的平均人数，夏季时段，中午 12 点到下午 4 点时的情况。

上右图：行人跑步穿过这个位于地铁站和购物中心之间的广场在 1 分钟之内（丹麦哥本哈根 ørestad, Kay Fiskers Plads）。

下右图：在夏季时段此广场的活动程度达到 10 倍之多，因为公众被吸引在此既可以步行，又可以逗留休闲（挪威奥斯陆 Bryggetoret）。[7]

聊天

进出

路边步行

路边站立

小歇

门口站立

街边购物

互动

看橱窗

在上面坐

依偎着坐

内外互看

柔性边界——充满活力的城市

在城市与建筑相遇的地方

城市边界的处理，特别是建筑的底层部分，对城市空间中的生活起着决定性的影响与作用。这是你在城里漫步时的区域，同时这些是近距离深入地看和体验的临街面。这是进出建筑的地方，是室内外生活能相互作用的地方。这是城市与建筑相遇的地方。

界定空间的边界

一座城市的边界限定了视觉领域，并且界定了单个空间。边界对空间体验和对作为一种场所的个体空间的意识做出了至关重要的贡献。正如家中的墙体维护着活动并传达着一种归属感，城市的边界则提供了一种组织感、舒适感和安全感。我们对许多城市广场的那些无边界或弱边界空间的认知是通过其四边大流量的车行道路的界定而得到的。它们的功能与城市生活是通过一处或多处吸引人的边界直接强化的城市空间相比，而显得更加贫乏。[8]

作为交流区域的边界

沿建筑底层部分的边界也是一个区域，其门和内外之间的交流点都被得以定位。为建筑中或直接在建筑前面的生活与城市生活发生互动提供了可能。正是在这个区域，建筑内部的活动能够进出于城市的公共空间中。

作为逗留区域的边界

这种边界区域也提供了一些城市坐与站的主要可能性。这里具有非常好的当地气候，我们的后面得到保护，前部的视觉器官能够舒服地掌控环境状况。我们能够完全看出在空间中发生的任何事情，并且背后不会处于令人不悦的惊吓的危险之中。这种边界是城市中一处真正良好的地方。

人们保持壁垒的普遍倾向在公共和私密空间，不仅室内，而且室外都被得以证实。你可以说生活是从这个边界内向中间发展的。在跳舞的地方，我们会谈到在一旁作壁上观的人。在接待处，客人们典型地靠着这道屏障，只有到了后来会放松自由地在房间内走动。孩子们开始其户外活动仅仅在家门前附近遛跶，只有当游戏开始了，才会占据整个空间。在活动暂停间隙，孩子们再次使用这个边界区域来等待和观察，直到新的游戏或活动开始进行。

必须在公共空间中等候的人会沿着边界徘徊以寻找好的等候点。边界的位置也是精心挑选的，为的是能坐在凳上或坐在路边咖啡桌旁逗留更长的时间。当我们沿着边界坐下并且空间中有好

窄单元——许多临街门，请

在法国殖民时期，法规规定整个越南河内市均由窄单元和许多临街门构成。这个原则也被建议用于新的建成区（丹麦哥本哈根 Slusenholmen 2007 ~ 2009 年）。

全世界在具有吸引力的商业街上能找到这种相同的韵律：街道每 100m 有 15 ~ 20 个店面，这意味着每隔 4 ~ 5 秒行人就会有新的体验（中国长沙，英国米德尔斯堡和纽约市）。

景存在的时候，我们的背后是受到保护的。当这个边界有伞和凉篷做界定时，我们还会有仍被藏于阴凉下的总体感觉。显而易见这是一处好的场所。

作为体验区域的城市边界

作为步行者，我们能够亲近地和深入仔细地体验建筑底层部分，上层部分不是我们直接的视觉领域的一部分，也不是街道其他一侧的建筑。当我们看高于我们之上的楼层和从非常远距离跨街观看建筑时，同样的原因我们对它们的细部和深度缺少感知。

当我们走路经过底层部分时，情形是大不相同。我们广泛地欣赏到了立面的所有细部和展示橱窗，我们近距离体验到建筑立面的韵律，材料、色彩和建筑内或建筑附近的人，同时其很大程度上决定着我们的步行是否有趣且充满活力。对于城市规划师而言，存在着大量的理由来支持加强对重要的步行沿线的建筑底层部分的活力与趣味的创造。从视觉与其他类型的体验的角度，所有其他要素的作用则更微不足道了。

良好的韵律——精美细部

在城市中步行留下了充沛的时间对事物进行体验，这些事物是由建筑的底层部分提供的且拥有着丰富的细部与信息。步行成为更加有趣且有意义的事情，时间很快度过，距离似乎更短了。

然而，在那些无趣的边界逗留，或者在那些封闭且单调的建筑的底层部分从体验角度而言，步行似乎变得漫长且乏味。整个过程会变得无意义且令人疲倦以至于人们全部放弃了步行。

生物学上对人处于一个毫无刺激作用的空间的研究表明我们的感官需在十分短的时间内（4 ～ 5 秒内）就要刺激。这显然确保了在过少和过多刺激之间的一种合理平衡。[9] 有趣地注意到，在充满活力的繁华的商业街上的商店和货亭（全世界范围的），经常立面长度为 5 ～ 6m，这与每百米 15 ～ 20 个商店或其他吸引人眼的选择事物相呼应。以平常的步行速度约 100m/80s，在这些街道上的立面韵律就意味着约每隔五秒就有新的活动和景象要看。

狭窄的街面单元——许多临街门，请

沿商业街布置许多狭窄的街面单元和多个临街门的设计原理提供了为买家和卖家互动的最佳可能性，同时大量的门提供了许多内外的交流点。有了许多的体验提供了许多诱惑人的空间。不令人吃惊的是，许多新的购物中心也运用了这个原理，即有着许多的狭窄的街面单元和许多临街门。这也为许多沿步行道的店铺创造了空间。

在立面上配上竖向的立体效果处理，请

但是在店铺位于建筑底层部分或位于容纳有住宅或其他功能的城市中的许多其他边界处，重要的就是要保证建筑底层部分的外观要有竖向造型的联系。这种活动使得步行距离似乎更短且更有趣。相对照地，带有长的水平线的立面，会使得距离似乎更长且更令人疲劳。

尺度与韵律
5km/h 的观看速度下的尺度，紧凑且充满了兴趣，街面上有窄单元和许多临街门。
60km/h 的观看速度下的尺度，对行驶中的司机起作用，而不对行人起作用。

5km/h 的观看速度下的尺度

60km/h 观看速度下的尺度

透明性
如果人们能够看到橱窗中展示的商品和建筑内部正在进行的活动的话，行人在城市中的步行活动就会增加。而且是两全其美。

开放的

封闭的

对许多感官的吸引。
当我们靠近那些带来有趣印象和可能性的建筑时，我们所有的感官都被激活了。
相形之下，8 张海报都不会激起兴趣。

互动的

被动的

肌理与细部
城市建筑对漫步的行人具有吸引力。吸引人的建筑底层部分提供了肌理、好的材料和丰富的细部。

有趣的

乏味的

混合功能
狭窄的街面单元和许多临街门由功能上的广泛变化得以补充，提供了许多内外空间之间的交流点和许多类型的体验。

变化的

统一的

竖向外观韵律
建筑底层部分：具有重要的竖向外观韵律的会使步行更有趣。与行走在沿水平方向伸展的建筑相比，竖向外观似乎感觉会短些。

来源：“与建筑的近距离接触”《国际城市设计》，2006 年。

竖向的

水平的

柔性边界与硬性边界

狭窄的街面单元，许多临街外观的和立面上的竖向立体效果处理都有助于步行体验。建筑底层部分的活动和与临街面生活的功能上互动也对城市生活有着重要的影响作用。

要保持事情简单，我们能从两个极端来描述体验的可能性。一种极端就是街道拥有“柔性边界”，商店线性布置，透明外观、大型橱窗，许多展示开口和商品。这里就会有丰富的看与接触，它给减速甚至停留提供了许多好的理由。另一种极端则是街道上有着“硬性边界”，是一种直接的对照：建筑底层部分关闭并且步行途径长向部分，则都是暗玻璃、混凝土或砌体，无门或很少门，并且根本上无体验，如果不是迫不得已，甚至没有理由来选择这条特别的街道步行。

在充满活力的外观立面前的平均人数是在消极立面前活动的人数的 7 倍

经过多年，许多关于边界品质对城市生活的影响与作用的研究已经开展了。研究指出了柔性边界与活力城市之间的直接联系。2003 年一项在哥本哈根市开展的研究探讨了几条城市街道上积极和消极的立面部分的活动程度（范围）。[10]

在开放积极的外观立面前面，对于步行者而言，有着值得注意的倾向，就是减速并将头转向立面，而且频繁驻足。在封闭的外观部分前面，步行的速度明显地快些，更少的人转头观看并驻足。总之，这能够显示出在积极立面前的平均人数是 7 倍于在消极立面前活动的人数。这是因为人们走得越慢，驻足越频繁，同时有着柔性边界的街道，人们越频繁地出入商店。

或许更加有趣的是许多其他与商店和外观立面无关的活动在这条活跃的街道上出现了。人们更多用手机交谈，停下来系鞋带，整理购物袋，而且与消极立面外观前的活动相比，交流达到了更

2003 年对哥本哈根购物街的研究表明在积极处理的建筑外观前面的活动程度是消极处理的建筑外观的 7 倍之多。[11]

积极创造建筑的首层部分的设计政策，请

根据这个标志显示，超市是一周七天全部开放，但当然不是朝向人行街道的（澳大利亚阿德莱德）。

前后照片对比。对墨尔本的一处街角和斯德哥尔摩的一条街道的不同处理。两座城市均已采取了积极的外观处理策略。

深远的程度。许多与这个原理一致的就是城市生活过程经常是自我加强的："有人在的地方就有人来"。

封闭的建筑底层外观——无活力的城市

有着柔性边界的城市街道对城市空间的活动模式与吸引力具有重大的影响作用。透明的，受人欢迎的和积极有活力的建筑外观均赋予了城市空间一个精美的人性化尺度，恰恰在那里有着最丰富的意味：近距离且在视平层面。

建筑底层部分的品质对城市的总体吸引力是至关重要的，以至于很难理解为什么在许多新旧城市中建筑底层部分的处理有着这样大的差异。长的，封闭的墙体，枯燥无生气的玻璃部分在城市中比比皆是，传达出"前进"的信号，给步行者提供了许多好的理由，放弃逗留而转向回家。

充满活力的城市需要一个积极的关于建筑底层部分建设的政策

为了改善与提高对斯德哥尔摩市中心的城市环境品质，作为努力的一部分，于 1990 年起草了一份标准以详细安排建筑底层部分的引人之处。[12] 这个评价方法后来在其他城市的相应的项目过程中得到了提炼。

详细安排建筑底层部分的引人之处能够重点指出城市中的问题区域并且被用以评估城市中最重要街道的状况。这种信息作为一个平台，城市规划师能够借助它起草一个积极的、有目标的有关建筑底层部分建设的政策以确保在新的开发中底层部分的吸引力，同时对现有建筑群体存在的问题加以阐述和逐步纠正，特别是城市中沿着最重要步行线路的部分。

在墨尔本，正是这样一个建筑底层部分建设的政策已带来了具有重要意义的提高与改善，同时许多其他城市和地区正在作这种目标性的努力以解决这个问题。沿奥斯陆滨水的新的城市区域的规划强调了这种延伸和场所的创造，在那里具有吸引力的建筑

对哥本哈根和斯德哥尔摩的有问题的建筑底层部分外观的调查记录。在 20 世纪 50 年代和 60 年代，斯德哥尔摩内城进行了全面深入的城市更新改造。那个时期的建筑经常对立面外观不予考虑，这个记录清晰地强调了这个问题（登记方法详见第 7 章）。[13]

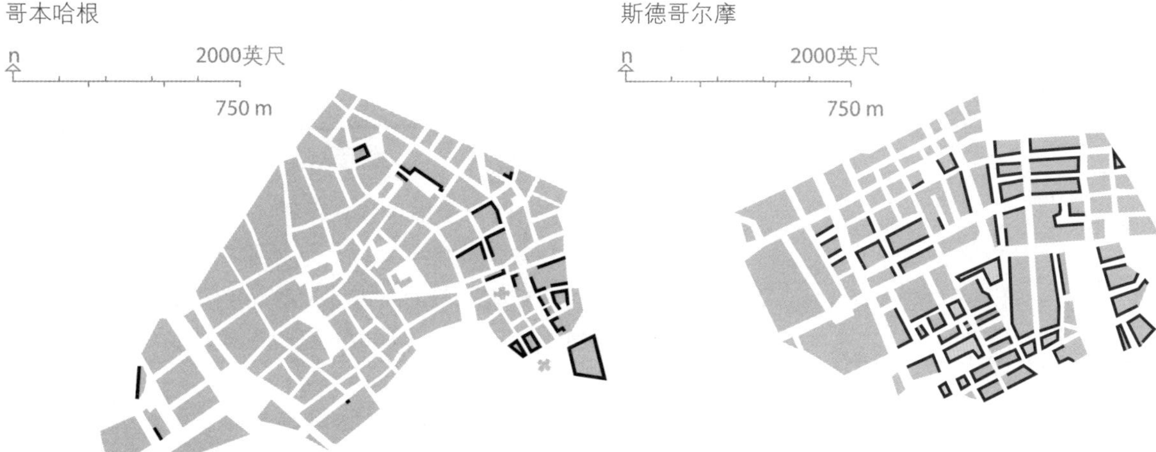

底层部分对未来的城市品质是至关重要的。一个确保规划被执行的方法就是降低那些底层区域的租金，而这些区域是对住区的吸引力起着关键性作用。如果这个小区是受人欢迎且具吸引力的，总的租赁收入将会很容易通过其他的特性得以产生。

柔性边界——在居住区

边界——建筑与城市相接、相遇的地方——对于住宅的品质和周围城市区域的活动也是至关重要的。这里是前门——私密性与公共领域交流的区域——而且这是从居住区向外到达露台或前花园活动的地方，与城市空间有着良好接触。当步行者走过这个区域时，边界区域也是看和体验的地方。

边界区域的重要意义被总结于由建筑师拉尔夫·厄斯金（1914 ~ 2005 年）所提出的忠告里："如果建筑群体在人眼视平层面是非常有趣且令人兴奋的话，则整个区域将会是非常有趣的。因此应该努力使边界区域受人欢迎并有丰富的精美的细部，同时在建筑上部的处理上节省精力，此处在功能与视觉上不太重要。"[14]

全世界许多地方提供了非常有趣的，有关居住区中边界区域的设计与运用方面的实例：英国半独立式住宅的前花园，荷兰的"门廊，门阶"，传统日本城市住宅的边界区域，北美的"门廊"，台阶和休息平台引导上至纽约市布鲁克林的褐砂石房屋，以及在澳大利亚城市中低层联排住宅的前院。所有这些都是有关更老的居住小区的半私密区域的设计的实例。在全世界范围内的许多新的群体建筑，也有令人鼓舞的实例涌现，这些实例对居住区的边界区域都进行了精心的设计。

然而，许多新的居住区已允许停车场所和车库占领边界区域。或者它们将所有底层部分空间的联系阻隔了，以至于住宅抬高于草坪与人行道之上，如同海边的悬崖一般。居住在这种住宅中的人们在无任何过渡或变化的情况下从私密领域直接到达了公共领域。

柔性边界——居住型街道的生活

许多研究均表明了半私密性前院和在居住型街道上的生活与活动的逗留区的重要性。1976 年墨尔本大学对 17 条居住型街道开展了深入研究，一些位于由半独立式住宅组成的更老的居住区，一些则位于有着独立式住宅的郊区，这项研究以一整天的详细观察为基础，包含了配有和没有配有半私密性前院的区域。这项研究提供了对街道上的活动的本质以及活动的准确位置的一种综合的观察。

有着最深入的活动程度的街道就是那些更古老的居住型街

柔性边界的作用是清楚明了的，体现在对澳大利亚、墨尔本的 17 条居住型街道上的户外活动的研究中。在所有被记录的活动中，69% 是发生在半私密性的前院内或周围，剩余的 31% 则发生在街道上。[15]

道，稠密布置着城市住宅和处于住宅和步行道之间的小型的精心设计的户外平台，在所有活动中——来与往，逗留、修理、对话和玩耍——69% 发生在前院或靠近前院绿篱和门口处。只有 31% 的活动发生在街道空间的其他部分。绝大部分的活动将外部逗留——休息，喝咖啡和享受阳光——与带来街面生活的可能性活动相结合。[16]

街道生活的先决条件就是建筑密度，它鼓励许多人以步行到达区域的各处。只有当住宅前人们步行生活具有一定量，那么在住宅公共区域度过时光才会变得有意义且有趣。在住宅单元前带有前院和户外平台的区域中，但马路上仍是主要的汽车交通，这种情况下几乎无人在住宅前的外部空间逗留、停歇。

研究者于 1977 年对加拿大的滑铁卢和 Kitchener 开展了一系列的研究，着重于典型的北美的居住型街道，那里街道两侧较稠密的建有独栋住宅，配有门廊和朝向街面的院子。他们发现了一种活动模式，非常贴切地解答了澳大利亚的居住型街道的模式。当研究各种不同活动所花费的时间时，结果表明正是在半私密性边界区域内或附近进行的活动几乎占据了 89% 的街面生活。[17] 正如前面所提到的，每日在外面度过的分钟数，而非在外活动的人数，决定着街道是充满活力的还是死气沉沉的。在半私密性前院，一些私密领域的活动能被引入到边界区域中。它是安全的、舒适

2003年对哥本哈根新的居住区的研究表明，在建筑首层单元前面的半私密性的户外空间内和周围进行的活动占所有户外活动的一半以上，即使居住于首层的居民人数仅为所有居民的1/4。[18]

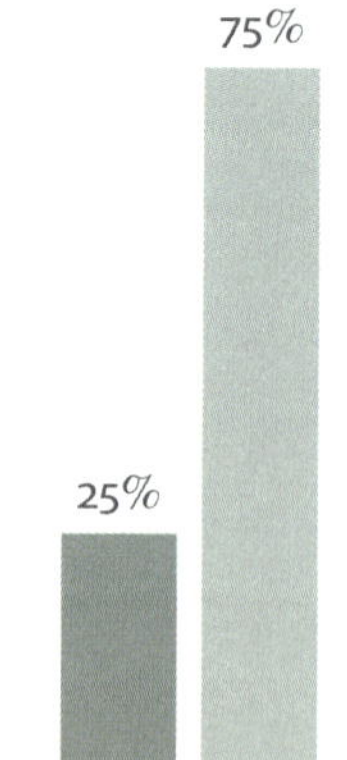

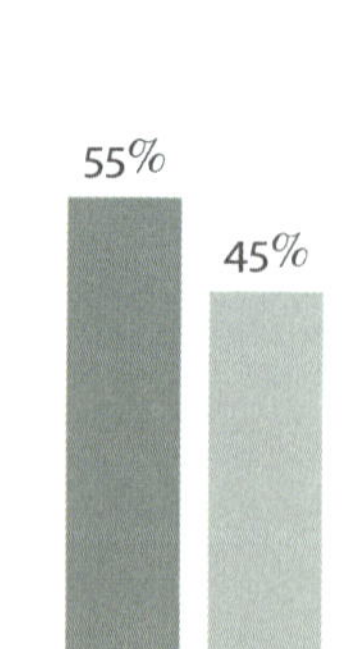

的且人们与其周围环境有着视觉接触，普遍地对街道的生活自然是重要的。

1982 对哥本哈根的居住型街道进行了一系列的研究阐述了有、无前院的联排住宅的街道状况。这种研究还针对两侧有同种住宅的和两侧有可比类型的住宅的类似的街道开展了调查。在所有研究中显示出有着柔性边界的街面上的活动程度比相应的带硬性边界的街面上的活动程度要高两三倍。[19]

柔性边界——在新的居住区

对新的居住区的活动模式的一项研究开展于 2005 年的哥本哈根，研究表明阳台、前院和其他类型的户外区域是如何被用于当代的城市文脉关系中的。研究阐述了户外活动的总体趋势是从公共空间向更加私密的空间转变。正如在更早的研究中所显示的，这项研究也显示出直接在住宅的首层空间前面的半私密性户外空间继续在居住区的总体生活水平上起到了不可磨灭的，令人难忘的作用。

在所研究的区域中，有着半私密前院区域的临街住宅构成了住宅总数量的 25% 和 33%，但是在这些半私密性前院的活动构成了此区域中所有被记录的活动的 55%。[20] 有趣的是前院是最近的地方，能将住宅，空间、植被和良好的地方气候最近地结合到与周围环境的接触中，它的使用远远大于阳台，而阳台处的空间、气候和周围环境的接触相对较差。

宅前的柔性边界对户外活动程度有着至关重要的作用（挪威住宅区的硬性边界和丹麦 Frederiksberg 的 Solbjerg Have 的柔性边界）。

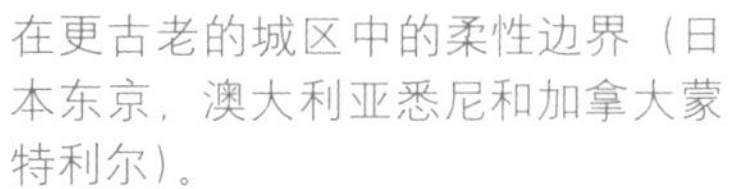

在更古老的城区中的柔性边界（日本东京，澳大利亚悉尼和加拿大蒙特利尔）。

右图：贯穿整个地区的柔性边界（路易斯安那新奥尔良的法式居住区）。

在新城区中的柔性边界（哥伦比亚波哥大和南非开普敦）。

对面页：紧临住宅和前院的街道生活（印度尼西亚雅加达）。

柔性边界——在各种不同的文化关系中

在30年来对几个大洲的大大小小的城市所进行的研究中，市中心和郊区在上文中都有所提及。自然地，这项研究所涉及的区域与家庭代表着广泛的文化、生活条件和经济标准。此外，使用模式和住宅文化是逐步随着生活方式、购买力和人口的变化而发生着变化。那么关于在居住关系中的柔性边界作用的全面讨论必须包含文化与经济层面，然而在此我们将不讨论这些。我们的主题更多的是普遍阐述了柔性边界对于城市和住宅区中的活动模式所具有的重要性，阐述了人们步行穿越这些区域的选择以及室内外活动间交流的可能性。

临家 $1m^2$ 还是街角周围 $10m^2$？

前面提到的研究显示出对柔性边界的一个清晰描述，即柔性边界作为城市建筑学的一个简单且有价值的要素，在所提及的各个区域都起到了吸引的作用。在城市空间或城市空间边界的使用。越容易和越具吸引力，相应就越充满活力。在几乎所有情形下，临家的 $1m^2$ 比街角周围的 $10m^2$ 更有用，且使用率更高。

有着柔性边界的充满活力的城市，请

任何单一的主题都不如活跃的、开放的且充满活力的边界对城市空间的生活和吸引力产生更大的影响作用。当城市建筑的韵律创造出底层部分窄的单元，精心的细部设计时，它们就支撑着城市与建筑附近的生活。当城市的边界起作用时，它们就强化了城市生活。活动之间彼此能够得以补充，丰富的体验得以增加，步行就变得更加安全，且距离似乎变得更短了。

在《建筑模式语言》一书中，克里斯托弗·亚历山大总结了边界的重要性："如果边界没有了，不起作用了，那么空间永不能充满活力。"[21]

它能够——几乎——被说得那样简单

如果仅是边界起作用的话……商业街和设有台阶的居住区（纽约布鲁克林）。

充满活力的城市——过程、时间、数字与邀请

充满活力的城市——无活力的城市

前面有关感觉与尺度的章节描述了规划原理——其特征是大尺度的交通解决方法和内向化的建筑与普遍的尺度混乱相结合，是如何导致非人性化的和蔑视一切的城市的。这些被漠视且让人失去信心的城市就是具有其他优先权的规划下的双重产物（bi-product）。

在20世纪50年代之前城市生活在古老的传统城市中是与过程、经历相关的事。实际上城市生活得到了公认，并且有着良好的理由得以存在。现在在世界的许多部分，城市生活不再是一件有关过程、经历的事了，而是一种有价值的且相对有限的资源，城市规划师必须仔细经营与管理。从那以后社会与规划方法的改变已显著地改变了这个状况。

在本章中，努力地概括勾勒出能被用于加强城市生活的方法。各种不同的手段被提供出来作为支撑人性化尺度的方法，以手边的条件和工作为基础。

充满活力的城市——精心规划的产物

城市的活力与安宁稳定都是令人满意、令人期待的，并且是有价值的城市品质。在充满活力的积极的城市中祥和安宁是具有高度价值的品质。对推动这种充满活力的城市证明不应特别强调于在尽可能多的场所中创造尽可能多的城市生活。

然而问题就是在新的城市区域中沉闷的无人气的区域孤立无援地产生了。没有人必须尽力地去获取这种结果。要作出细心且专注的努力以确保城市中的充满活力的场所与安宁平静的场所相结合。

当目标就是要发展城市的时候，当人性化维度和人之间交流被优先考虑的时候，当你希望邀请人们步行和骑车的时候，最根本的就是要仔细认真地研究以鼓励城市中的生活。

要非常重要地记住：不要在简单的固定的原理中找答案，这些原理都是在追求更大的开发密度，追求建筑中容纳更多的人；而真正的答案应存在于对许多与城市生活（作为一种过程和重要吸引点）相关的前沿理念的认真仔细的研究中。

过程，邀请，城市品质，重中之重的时间因素和吸引人的柔性边界都是这项工作的关键词。

自从汽车统治街道以来，恐惧和担忧已成为全世界范围的城市中日常生活的有机组成部分。

许多城市中仍缺乏良好的骑车环境，骑车人处于极端弱势的地位。来自日本的这个标志就显示在人行道上骑车不是一种好的选择。

3.2
安全的城市

安全的城市

在城市中感觉安全——一个至关重要的城市品质

如果我们希望让人们拥抱城市空间，安全感是至关重要的。一般的生活与人本身都会使城市更具吸引力和安全感，从体验和感知安全性的角度而言。

在这部分，我们论述有关安全城市的主题，以求通过吸引人们步行、骑车和逗留从而达到确保良好城市的目标。我们的讨论将着眼于两个重要部分：交通安全和预防犯罪。在这两个部分中，针对性的目标性的努力能够满足城市空间中的安全的要求。

安全与交通

更多为车服务的空间——作为一种主导的城市政策吗？

在 50 多年里，由于汽车严重地侵占了城市，不仅汽车交通，而且事故发生率猛增。对交通事故恐惧的增加更为突出，显著的影响着步行者和骑车人以及他们在城市中活动的乐趣。当更多的汽车占满了街道，政治家们和交通规划师们已日益更加关注于创造更多的汽车交通和停车的空间。

结果步行者和骑车人的环境状况已恶化。狭窄的人行道已逐渐变得被交通标志所充斥和停车仪表、矮护栏、路灯和其他布置在那里的如"不要挡道"之类的障碍物挤占。被理解为"更重要的机动车交通的方式"。附加的自然的阻碍就是对步行节奏的频繁干扰，是由在交通灯处的长时间等候、困难的穿越街道、单调乏味的地下隧道以及步行过街桥所造成的。所有这些关于城市布局组织的例子都拥有一个目的：就是要提供给汽车更多的空间与更好的条件。作为一种结果，步行就变得更加困难且更缺乏吸引力了。

在许多地方自行车的环境状况更差：自行车道已被一并取消或者处于危险的状况，所谓的"自行车道"被涂在紧临着快速车道，或是根本性的缺乏为骑车人服务的基础设施。骑车人必须尽可能得到最好的照管。

纵观汽车侵入的整个时期，城市已努力地将自行车交通从其

共享型或全能型街道的理念认为交通群体之间是平等的，这是一种乌托邦式的理想。整合各种不同类型的交通是不会令人满意，只有赋予了行人明确的优先权（荷兰Haren的共享型空间和丹麦哥本哈根的步行优先的街道）。

街道中移走。对步行者和骑车人造成事故的危险随着汽车交通的提高已是巨大的，并且对事故的惧怕甚至更大。

世界上各种不同地方的主要差异——但的确（exactly）是同样的问题

许多欧洲国家和北美都更早就体验到了汽车的侵入，并且已观察到了年复一年的城市品质的恶化。相应已出现了许多对立的反应，并且新的交通规划原理有了初期的发展。在其他国国家，那里经济发展更加缓慢，汽车仅仅是最近才开始侵入城市。在每种情形下，其结果都是使步行交通和自行车交通的状况急剧恶化。

在那些（汽车侵入得很早并且已经持续了几十年的）城市中，我们现在能够看到一种强烈的反应，即反对对汽车的那种目光短浅的，缺乏远虑的关注，从而给城市生活和自行车交通带来了如此无情的打击。

现代交通规划保证了交通类型之间的更好的平衡

在许多国家，特别在欧洲，与二三十年前的交通规划相比，21 世纪的交通规划已发生了显著的变化。推动步行和自行车交通的重要性已逐渐地得到认识，同时对交通事故的本质和原因的更好理解已产生了规划方法和手段的非常广泛的多样性。

当在 20 世纪 60 年代第一条步行街在欧洲引入时，其实仅有两种街道模式存在：汽车交通道和步行交通道。从此许多类型的街道与交通方案得以发展，以至于今天的交通规划师有了十分广泛的街道类型加以选择：纯汽车交通道，林荫大道，速度为 30km/h 的交通，步行优先，速度为 15km/h 的区域，步行—汽车混合型街道，步行 – 自行车混合型街道和纯步行街。在相互介入，调整的岁月中所获得的经验也使降低交通事故发生的数量和使步行和骑车更加安全和更舒适成为可能。

在选择街道类型和交通解决方案中，重要的是始于人性化维度。人们必须能够舒适且安全地在城市中步行或骑车，并且当交通的解决方案被采纳时，特殊的考虑必须做到，如考虑孩子们、年轻人、老人和残疾人。为人和步行安全的品质创造必须是特别需要关心的。

步行在混合型交通中必须具有优先权

许多新近的城市规划思想均来源于交通事故率的统计，它们认为发生事故的危险能够通过“共享空间”标题下的同一街道上的自然混合型交通得以降低。

这些所谓共享型街道的潜在思想就是给卡车、汽车、摩托车、自行车和所有年龄段的步行者提供安静地并肩行进的可能性，同时具有良好的视线接触。在这样的情形下严重的事故将几乎不会发生，或者有这样的考虑，因为步行者和骑车人一直需要受到额外警惕的。

显而易见地，如果人们被完全吓坏了，并且时时警惕着交通，那么铁定地任何事都将不会发生。但是，从尊严和品质的角度，这个价格就高了。孩子们不能被允许自由玩耍，减少活动的老人和其他人会被强迫完全放弃步行。在许多有关人与交通安全的讨论中，事故发生的风险必须要与为步行者和骑车人创造的品质加以统一权衡考虑。许多现代交通规划不断地对城市生活的品质采取漠不关心的态度。

混合型的交通当然是可能的，但不是与共享型街道具有同种角度的意思。正如英国的“家庭区”，荷兰的“共享型街道”（woonerfs）和北欧的“sivegader”多年已显示出的，只要非常明确了所有的运动都是以行人为前提条件的，那么步行就能够随着其他形式的交通而兴盛起来。混合型交通的解决办法必须既优先

哥本哈根风格的自行车道利用停泊的车辆来保护骑车人（丹麦哥本哈根的街景）。

这种让骑车人沿停车道外侧行驶的原则没有解决许多安全问题。然而它的确有助于保护了停靠的车辆！

考虑步行，又要优先考虑提供恰当的交通分离。[22]

实效的、灵活的且体贴的交通规划

有理由对许多新型街道和政策加以鼓掌称赞，它们确保了步行者与骑车人的安全，同时为服务车辆提供了门对门的运送服务。

从不同的项目出发，规划师必须考虑街道类型与交通一体化的程度哪个会是良好的解决办法。步行者实际感受到的安全感必须总是决定性的因素。它不是一个自然的法则，即机动车的交通必须通达任何地方。普遍公认的是汽车在公园、图书馆、社区中心和住宅是不受欢迎的。各处无汽车交通的优势是显而易见的，所以即使存在着急迫的理由让汽车交通一直通达前门空间，但在许多场合下同样也存有着良好的理由以建立住宅周围的无车区。

威尼斯原理——作为启迪与灵感

几个世纪以来，威尼斯的交通已在这种原理的基础上产生了功效，这个原理就是在前门空间不会发生从快速交通到慢速交通的转换，而是发生在城市限制区。当城市品质被优先考虑的时候，威尼斯原理很难受到反驳与打击。正如前面提到的，许多选择针对步行交通和机动车交通之间的共存已得以发展。尽管这些选择开启了新的大门，但也创造了更多的问题。

威尼斯的步行街是可以被允许的，理解的，因为认为许多新近的交通解决方案都集中体现了各种不同形式的折中与综合，这些被比作是追求真正的人性化城市的极佳方法。或者换句话说，在威尼斯，易于推测的，就是“比慢速汽车唯一更好的——那就是无任何汽车。”

但是也正如提到的，实效性和灵活性是重要的。虽然有了许多好的新的折中办法，但它们必须要经过评估且加以精心挑选。

在威尼斯，从快速交通到慢速交通的转变作用于城市限制区内，而不是在前门空间处。从创造充满活力的、安全的、可持续的且健康的城市的当代眼光来看，这种转变是有趣且激励人心的。

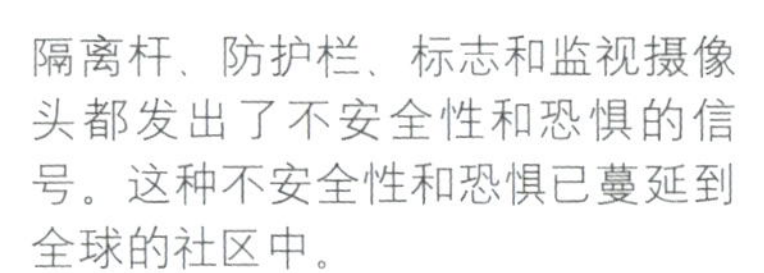

隔离杆、防护栏、标志和监视摄像头都发出了不安全性和恐惧的信号。这种不安全性和恐惧已蔓延到全球的社区中。
上右：中国北京的住宅区

右图：在秘鲁利马的居住型的街道，变成了设有大门加以管理的社区。

安全与安全性

安全的城市——开放的城市

在简·雅各布斯的1961年撰写的《美国大城市的死与生》一书的第一章中已探讨了街道安全的重要性。她描述了街道生活对预防犯罪的作用与效果，描述了建筑的混合功能，描述了居民对公共空间的关注。[23] 从那时起，她的表达“街道观察者”和“街道上的眼睛”就已成为城市规划术语的有机组成部分。

在城市空间中能够安全地行走是创造吸引人的起着良好作用的人性化城市的前提条件。安全的体验和安全的感知对城市中的生活是至关重要的。

对安全的探讨是一种普遍的、更细节层面上的。普遍的着眼点就是维持和支撑开放社会的视野，在那里来自所有社会经济团体的人们都能在城市公共的空间内摩肩接踵，走来走去，当他们从事日常事务时。在这个总体框架内，通过在设计中对城市中的许多细节的解决方案的深思熟虑，安全也被促进加强了。

安全与社会

与安全的开放城市的理想视野相并列的就是许多城市社会的现实。社会与经济的不匹配是高犯罪率的背景，同时是为保护财产和私密生活而做的全部的，或半个人的努力。

带有倒钩的绳索和金属棒保护着住宅，安全巡逻队巡逻于居住区周围，安全保安站在商店、银行前面，在专门小区中住宅外面设有“武装回应”的威胁标志，设有大门的社区比比皆是：所有这些都例证了人们在努力地保护自己以防入侵和私有财产的侵犯。这些例子也说明了一些人群已普遍退到了私密领域。

重要地指出一方面简单的单一的城市预防犯罪的解决方法不具有太多的帮助，那里不安全的入侵感经常深深地植根于社会状况中。另一方面，许多城市社区很少栏杆加锁，包括牢固的城区。在这些区域，做出这种完全努力的唯一理由就是避免人们退缩到围护栏和带倒钩的绳索后面。

世界的其他地方的确存在着这样的城市与社会，那里尽管经济不平等，但文化传统、家庭网络和社会结构使犯罪保持在低的水平上。

总之，在几乎所有情况下，都有了良好的理由，为的是仔细地研究以求加强真正的感觉上的安全性，它是公共城市空间使用的前提条件。

如果我们将关注点从私密领域的防御转向关于在公共空间中

当夜幕降临时沿城市街道两侧的建筑投射出来的光线，会对安全感产生具有重要意义的贡献。上图：约旦阿曼的面包店和澳大利亚悉尼的苹果电脑专卖店。

7000 人居住于哥本哈根中心区，冬天平常工作日的夜晚有约 7000 个被点亮的窗户从街面上能看到。[24]

步行时的安全感的普遍讨论上，我们将会找到在加强城市生活的目标追求与安全性的愿望之间清晰明了的联系。

城市中的生活意味着更安全的城市——同时安全的城市提供了更多的生活

如果我们加强了城市生活以至于更多的人在公共空间中步行并度过时光，几乎在每种情况下真正的安全和感觉上的安全都将会增加。其他人的存在显示了一个场所被公认是好的，安全的。有“街道上的眼睛”，而且经常还有“街面上的眼睛”，因为它已变得有意义且有趣，对于附近建筑中的人们可以观察街头发生的事情。当人们每日往来于城市空间中，空间与使用它们的人就变得更有意义，而且这样关注与观察变得更加重要。一个充满活力的城市变成了一座有价值的城市，因而也是一座更加安全的城市。

建筑中的生活意味着更安全的街道

街道上的生活对安全性起着作用，但是沿街的生活也扮演着具有重要意义的角色。具有混合功能的城市区域在建筑内和附近日夜不停地提供着更多的活动。特别是住宅意味着与城市的重要公共空间的良好联系，预示着对傍晚和夜晚时段真正的和感觉上的安全性的显著加强。所以即使街道被漠视了，但居住区中从窗户透出来的灯光也给附近的人们送来舒服祥和的信号。

大约 7000 居民居住于哥本哈根的市中心。在冬季平常工作日的晚上，步行穿过城市的人能享受到约 7000 家的窗户投射出来的灯光。[25] 靠近住宅对创造安全感起着关键作用。对于城市规划师来说共同的实践就是将功能与住宅相混合作为预防犯罪的策略，因此在当步行者与骑车人使用的最重要的街道两侧的安全感会提高。在哥本哈根这种策略发挥着良好的作用，市中心有五六层的建筑，在住宅与街道空间之间就有着良好的视觉接触。这个策略在悉尼却没有发挥作用，尽管这个澳大利亚的大都市拥有 15000 人住在市中心，其住宅通常高于街面 10 ～ 15 层，住在高处的人没有谁能看到街面上发生了事情。

柔性边界意味着更安全的城市

建筑底层部分的设计对城市空间的生活和吸引力起着特别巨大的作用。建筑的底层部分是当我们步行路经建筑时所看到的部分，也是建筑内部人们能观赏外部所发生一切的更低层的部分，反之亦然。

如果建筑底层部分是友好的、柔性的——特别是——受人欢迎的，那么步行街就会被人性化的活动包围着。甚至在夜间咖啡馆和前院几乎不会有事发生，家具、花、停放的自行车和被遗忘的玩具则是对生活的一种舒适祥和的见证以及与他人近距离交往的见证。夜间来自商店、办公楼和住宅投射出来的光线有助于提高街道上的安全感。

柔性边界给人们传达着的信号是城市是受人欢迎的。相对照地，带有零售商铺的街道，商铺由坚固的金属格栅从外部封闭着，在开放时间里一种拒绝感和不安全感则产生出来。晚上街道黑暗且被遗忘，而且在周末和假期也没有更多的理由在此停留。对于安全城市，吸引人的建筑底层部分，完美最佳的外观选择的普遍期望就是拥有开敞金属格架和其他类型的透明设施以保护商品，而使得光线流泻到了街道上，同时还给夜间的步行者带来橱窗购物的乐趣。

临街的高层建筑也能轻柔且优雅地矗立着，同时柔化着内外空间之间的过渡(伦敦劳埃德大厦，建筑师：理查德·罗杰斯事务所，1978～1986年)。

一条中国商业街的柔性边界和丹麦 Frederiksberg 的一个居住区。在任何情况下，柔性过渡就意味着在户外空间的更多的活动和更大的安全性。

日常关心意味着更安全的城市

临街的和街面上的生活，沿街的混合功能和友好的边界区域都是良好城市所要追求的重要品质——也是从安全和保护的角度出发的。截然对立的就是不安全的城市环境，对它诊断的完美处方则是：无生命的街道，单一功能的建筑，缺少一天中绝大部分的活动，封闭的，无活力的，沉闷暗淡的外观。对这个处方比例内容，我们还能添加不充足的照明，荒废的道路和步行隧道，黑暗的幽深，隐蔽之处和不引人注意的角落，以及太多的绿篱。

面对这个相当令人沮丧与失望的局面，重要的值得记住的是几乎任何的诱惑，即邀请人们在城市空间步行，骑车和逗留也都将作用于更大的安全感之上的。

清晰的结构意味着更安全的城市

另一个对安全感起作用的就是一个良好城市的布局，它使我们更容易找到周围的路，这是一个良好的城市品质的标志，体现在我们毫不犹豫且未走弯路就可寻找到目的地。清晰的结构和组织不要求大的尺度和宽阔笔直的点对点的道路。完美的应是街道蜿蜒曲折，路网变化多样。重要的是在路网中建筑单体的联系具有明确的视觉特征，空间要具有不同的特征，以及重要街道要能从非重要街道中辨别出来。当夜间步行于城市当中，标志，方向指示牌和良好的照明都是城市结构、归属感和安全感之间关系的至关重要的要素。

清晰划定的界域意味着更安全的城市

在人的感官一章中，已提到了距离被用于人之间各种不同类型的交流时的差异程度，而且提到了这些距离是如何被不断用于加强接触的特征与强度的。

与他人的互动和我们自身私密领域的保护是同一硬币的两个面。正如近距离接触的必要性一样，在更大型的活动场所中精确限定的领域，私密与公共领域的清晰联系都是创造社交可能性和安全感的重要前提条件。

人类社会是围绕各种不同的社会结构微妙地得以组织的。这种社会结构界定并加强了个体的联系感和安全感。一名高校大学生就是一个由学院、系、班级和学习小组所构成的结构的一部分，这个结构提供了一个框架。工作场所有部、处和组。城市有居住区、居住小区、住宅群体和单个住宅。与众所周知的指向符号和标识相搭配的，这些结构自身有助于加强在更大的存在实体内的联系感，以及加强单个组群、家庭或个人的更大的安全感。

当社会结构是由清晰、自然的界线划分加以支撑时，安全性

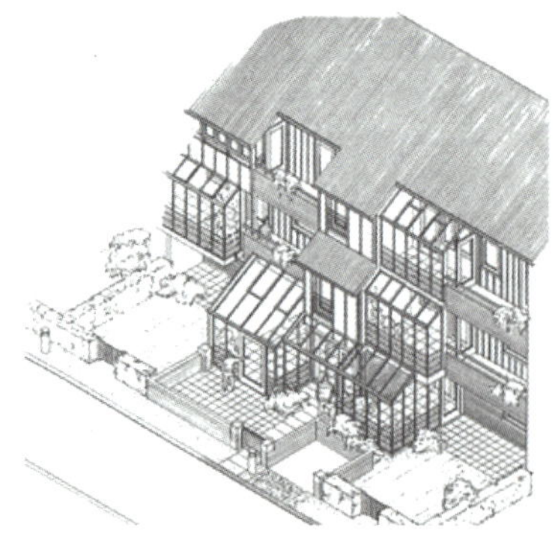

西贝柳斯园，哥本哈根的一个住宅群，已与丹麦预防犯罪委员会合作精心界定出住宅群内的私密、半私密、半公共和公共领域。随后的研究已显示出与其他相同的开发区相比，这里犯罪率发生得较少，安全性较强。[26]

和观察情况的能力就得以加强。在城市限制区的一个标识就告诉我们现在正进入到城市中。居住区也能通过标志或大门加以标明，正如在许多美国城市中的中国城那样。居住小区和单个街道可以用标志，大门或象征性的入口作为标记加以界定，住宅群也能用大的和欢迎标志加以表达。

被提到的结构的标识和细部处理和所有层面的联系感都有助于加强组群和个人的安全感。住在这个区域的人将会认为：这就是我的城市，我的居住区和我的街道，而外人将会认为：现在我正在他人的城市，居住区或街道中对他人进行着参观访问。

在预防犯罪的领域，奥斯卡·纽曼的先锋之作“可防御的空间”(defeasible space）显示出在清晰界定的领域关系与安全感之间具有一种强烈的联系。他提出了发人深省的论点，即在城市规划中要对明确的等级制度进行一贯地研究从而达到加强真正的感觉上的安全性的目的。[27]

私密与公共空间的柔性过渡，请

也是在小尺度上，特别是与单个住宅的联系中——清晰明了的领域边界和联系对于接触他人和保护私密领域都是至关重要的。然而所做的努力就是通过建立半私密和半公共的过渡区，逐步地柔化私密与公共区域的过渡，这样区域之间的联系的可能性就增加了，居民就获得了机会得以控制接触和联系，保护自己的私生活。比例恰当的过渡区能够保持活动处于舒适的臂长距离原则范围内。

在前面部分，对柔性边界和城市中生活的重要性都进行了讨论。要着重强调的是边界区域、门廊和前院都会对公共空间中的生活的活力创造起着决定性的贡献。这些处于私密和公共领域之间的过渡区域必须仔细地加以联系，目的是清晰地区分出什么是私密的，什么是公共的。

在铺装、景观、家具、绿篱、大门和雨棚上的变化能够标明出公共空间结束于何处，全私密性或半私密性过渡区又始于何处。高度的差异，台阶和楼梯间也能够标明这个过渡区域，为作为内外之间的联系，私密与公共之间的联系的柔性边界的重要作用提供至关重要的前提条件。只有当领域界限被清晰地标明，私密领域才能担负起人们需要与他人接触的保护程度，并对城市中的生活起到的作用。

公共、半私密和私密领域之间的柔性边界和清晰界定均为领域的归属提供了良好的可能性，以显示出哪里是你住的地方，哪里是你可用最喜爱的鲜花加以装饰点缀的地方（荷兰 Almere）。

柱状图显示出世界的各个不同地方的城市在能量消费方面的巨大差异。它也显示出通过在公共交通和自行车上的更大的投资，从而带来成功获取更低能耗的可能性，因为在欧洲和亚洲已经有了这种尝试。照片：澳大利亚的布里斯班是沿河两岸还没有撤销机动车道的城市之一。

测量的每位居民的汽油使用量[28]

60
50
40
30
20
10

美国
澳大利亚
加拿大
欧洲
亚洲

哥本哈根的自行车每年减少二氧化碳（CO_2）排放 90000t。气球显示出 1t CO_2 的体积。

步行与自行车交通在城市中节约了许多空间。自行车道 5 倍于汽车道的通行量。人行道比汽车道所容纳的旅行者多 20 倍。10 辆自行车能轻易地放在一辆汽车停放的车位空间中。

3.3 可持续城市

气候、资源与绿色城市规划

对规划可持续城市的兴趣的日益有了提高，并且找到了良好的理由。化石燃料的减少，污染的加重，碳的排放以及对气候已经产生的威胁，都是努力在全世界提高可持续的强烈动机。

适用于城市的可持续的概念是广义的，唯一关注的对象就是建筑的能量消耗与排放。其他重要的部分则是工业生产，能量供应和水，废物和交通管理。在绿色说明的篇章中交通是极其重要的内容，因为大量的能源消耗和导致的严重污染和碳的排放都是交通的责任。在美国，交通的碳排放量在全部碳排放中所占的比例不低于 28%。[29]

对步行和自行车交通赋予更高的优先权将会改变交通状况，同时在整个可持续方针中它是一个具有重要意义的要素。

一座步行和自行车的城市——迈向更大的可持续的重要一步

步行与自行车交通与其他形式的交通相比，使用的资源非常少，对环境影响较小。使用者提供着能量，同时这种形式的交通是廉价的、无噪声且无污染的。

对于一个给定的距离，自行车、步行和汽车的相对能耗比率为 1∶3∶60 能量单元。换句话说，在使用相同能量的情况下，骑车将会比步行多花三倍。一辆汽车消耗的能量是自行车的60倍，是步行的 20 倍。

步行与自行车交通占据较少的空间

步行与自行车交通不会阻塞城市空间。步行的要求较低，两条 3.5m 宽的人行道，或者一条 7m 宽的步行街就能够每小时通行 20000 人。两条 2m 宽自行车道足够每小时通行 10000 辆自行车。一条双向两车道能够承载每小时 1000 ~ 2000 辆车（高峰承载量）。

因此，标准的自行车道能够比汽车多运送 5 倍的人数。而且从停车的角度，在一个普通的汽车停车位中，停放 10 辆自行车绰绰有余。步行与自行车交通节省了空间，并通过降低颗粒污染和碳排放对绿色的阐释起着积极的作用。

能够舒服地走、等和骑都是公共交通品质的重要方面。步行路线的品质和车站的舒适性都是重要的问题（哥斯达黎加圣何塞的汽车站和南非开普敦的乘坐轻轨的乘客）。
下图：德国弗赖堡的有轨车显示出潜在的益处。

对于步行和自行车交通的更多考虑能够进一步方便从汽车到人的交通的过渡。步行和骑车的人越多，并且步行或骑车通行的距离越大，对整个城市品质和环境的提升越有益。尤其加强自行车交通会带来重要的益处。

自行车交通的发展为全球打开了希望的视角

全世界许多城市的地形、气候和城市结构使得引入和加强自行车交通变得简单且廉价。此外，城市中自行车交通具有许多直接的优势，并且自行车也能够缓解部分交通压力。

例如，在哥本哈根市，汽车交通的路缘已意味着 2008 年的骑车人数占上下班人数的 37%。[30]

在哥伦比亚的波哥大，步行和自行车交通作为全面的交通政策已得到了显著的加强，展示出许多发展中国家所具有的巨大潜力——配有相对简单的投资——以求在降低对环境影响的同时提高绝大多数居民的活动范围。

良好的城市空间——良好的公共交通系统的一个至关重要的前提条件

良好的城市景观和良好的公共交通系统是同一硬币的两个面。往来于车站间的路程的品质对公共交通系统的效率和品质具有直接的关系。

从家到目的地而后返回的全部行程必须从其整体上被看到。良好的步行和自行车路线和良好的车站周边氛围都是重要的因素——白天和夜晚——以保证舒适与安全感。

以公共交通为先导的发展

在全世界人们一直从事着“以交通为先导的发展”（TOD）计划，它着重于步行与自行车的交通结构与共同的交通网络之间的相互影响。

TOD 城市发展模式典型地是围绕轻轨交通系统建造的，其周围有较高密度的开发。这个结构是一个先决条件，目的是提供充足数量的住宅和工作场所，并合理地配置满足步行和骑车距离的车站站点。紧凑的 TOD 城市，拥有短捷的步行距离和良好的城市空间，而且提供了许多其他的环境优势，诸如缩短供应线路，降低土地消耗。

在汽车侵入之前，古老的城市均为功能齐全的 TOD 城市。威尼斯再次成为经典实例。公共交通由轮渡交通加以解决，其辐射了多条线路，拥有多个停靠站，创造了精细编织的网状交通。在这种城市中，没有哪个地方离最近轮渡的停靠站台超过 200 ～ 300m 的，并且沿美丽的街道与广场的步行都是整个行程中的重要部分。

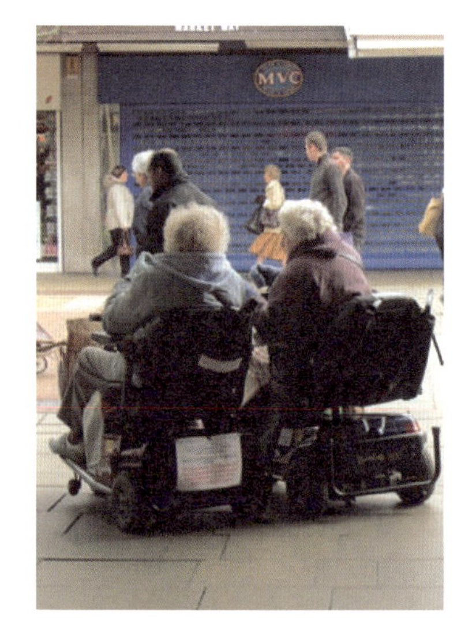
MVC

城市空间与社会可持续性

社会的可持续性是一个大的且具有挑战性的概念，它所关注的内容一部分就是提供社会中各种不同人群进入公共的城市空间并且到达各处的同等机会。当人们结合公共交通采用步行和骑车出行时，平等性就得到了巨大的提高。没有汽车的人一定能到达城市中他想去的地方，并且不会因其交通工具低劣而受到限制。

社会的可持续性也具有重要的民主层面。它优先考虑在公共空间中人与人之间接触的平等性。这里一个普遍的前提条件就是具有可达的、可接近的、吸引人的公共空间，它被作为一个具有吸引力的场所服务于有组织的但又非正式的集会。

基本要求——社会可持续性

当然，世界上贫富城市的需求和机会都存在着差异。重要的是要强调这种理念：发达国家需要加强对社会可持续性的关注，这是人为创造有良好作用的和具有吸引力城市的根本。

贫富差距问题在低收入的城市社会中是更加迫切的，因为贫富差距如此巨大，普遍的贫穷限制了被边缘化的人群所能得到的机会。解决这些社会存在的问题就需要对新的资源的优先考虑，要求有远见的城市政策和有能力的领导，就像 2000 年前后哥伦比亚的波哥大所显现的那样。

充满活力的城市和社会可持续性

强调对充满活力城市的创造的这个原则，也同样有助于社会可持续计划。充满活力的城市努力在反对那种倾向——人们撤退到设有大门（门卫）的社区中，同时促进发扬一种城市的理念——对社会所有群体都是平等的、可进入的且具有吸引力的。这个城市被看做是具有一个民主平等的功能，那里人们看到了社会的多样性并且通过分享同一城市空间彼此获得了更大的理解。可持续性概念还暗含着对未来一代的思考。因为城市日益的都市化，它们也因此必须被认为是全世界范围的大社区（communities）。城市必须是包罗万象的，而且必须为每个人提供空间。

对于城市要成功获得社会可持续性，所付出的努力必须远远超过自然物质的结构。如果城市要起作用，必须努力强调方方面面，从自然环境和社会机构到几乎看不到的文化方面，这些对我们如何感知单个居住区和整个城市社会具有非常重要的作用。

方向盘背后和电脑屏幕背后的非积极的生活很快导致了一种严重的健康问题。在最近几年里，肥胖症在许多国家已成为流行病，而在这些国家中自然的身体锻炼不是日常活动方式的一部分。

人口中成人部分的肥胖数量（≥ 15 岁）[31]

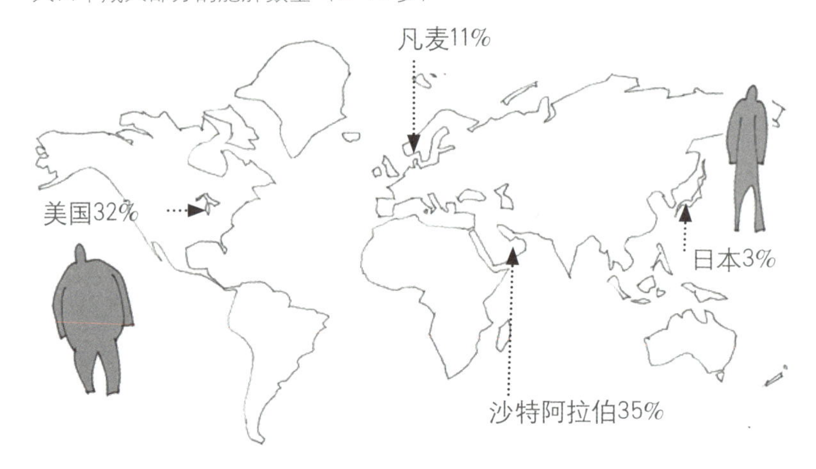

在那些步行和骑车都不是日常活动计划的一部分的地方，人们不得不在午餐休息时，为他们的生命奔跑。另一种选择：如同这个一样的 Park'n Sweat 设施，7 层停车，顶部两层为健身中心（佐治亚州亚特兰大）。

3.4 健康的城市

良好的城市空间——对健康政策起着有价值的贡献

健康与城市规划的相互作用是一个复杂的话题。在这一部分的讨论中将限于所看到的与城市规划的人性化维度有关的健康和健康政策。

方向盘和电脑屏幕后的惯于久坐的生活

在经济发展的世界里，社会的许多变化对新的健康政策提出了新的挑战。惯于久坐的工作已大大代替了过去的手工劳动，汽车已日益成为交通的主宰，而且简单的活动如爬楼梯也被乘自动扶梯和电梯所取代，如果再加上我们在家更多的时间都是蜷缩在舒适的椅子里被动地在看电视的话，我们就形成了一种模式：许多人没有了平日里运用自己的身体和能量的自然机会。不好的饮食习惯，暴饮暴食，而且吃油炸食品经常也加剧了这个问题。

一个国家接着又一个国家，使得这个问题成比例地流行起来，追踪美国的肥胖流行病的历史，做一下戏剧性的解读。

年复一年，这个问题在各州之间蔓延开来，同时各州的状况越发恶化。在美国被划定为超重的人数自 20 世纪 60 年代以来保持着相对的稳定，但肥胖的人数急剧上升。肥胖症被界定为 BMI 超过 30 的人，这是 WHO(世界卫生组织) 和其他组织使用的标准。在 20 世纪 70 年代，10 个美国人里就有一位是肥胖。在 2000 ～ 2007 年间这个比率已上升至 3 人中有一位。[32]

儿童的状况尤其糟糕，6 ～ 11 岁年龄所超重的儿童的数量是过去的 30 年间（1980 ～ 2006 年）的两倍。对于年龄为 12 ～ 19 岁的年轻人，数量则为 3 倍。[33]

在过去 10 年里，与经济和社会相呼应的，这种与生活方式有关的健康问题已很快蔓延到世界的其他各地。肥胖症在加拿大、澳大利亚和新西兰以及在其他诸如中美洲、欧洲和中东等地区增长迅速。在英国，约 1/4（25%）的成年人是肥胖症，在墨西哥约为 1/3，沙特阿拉伯 1/3 的人口为肥胖症。[34]

损失了作为日常活动方式一部分的锻炼，其代价是很高的：生活的品质降低了，健康的成本急剧增加而且缩短了寿命。

锻炼作为一种起因，一种选择和一种商机

针对这些新的挑战，解决的办法就是个人必须寻求对肉体的挑战和每日锻炼，它们不再是日常生活的有机组成部分。在丹麦，

可选择的锻炼

为身体锻炼和自我表现提供可能性是对新挑战的一个符合逻辑的且有价值的解答（在哥本哈根广场冬季滑冰运动；纽约的滑板运动；迈阿密大学的学生们驾车之余的补偿性运动；以及中国的街景）。

2008 年最流行的运动形式就是 “跑步”，而且人们有空闲的时候，他们就在马路上、公园里成群结队地慢跑，这些马路和公园对城市中的活动程度做出了有价值的贡献。其他人选择有组织的运动或到健身中心进行锻炼，提高生活品质；还有许多人自己购买了健康设施，在家里骑车，走步和跑步锻炼。锻炼已成为普遍重要的日常活动，而且成为一种重要的事业。

对于个人和社会，整个发展是合乎逻辑的且恰如其分的，但是个人的和私密性的解决方法也有其局限性。

主动地锻炼需要时间、决心和意志力，选择设备也要花钱。一些社会团体和年老群体能应付这种挑战，但是许多人没有时间、金钱或精力，并且在有生的时间里也不进行更多的应有的锻炼。“健身爱好者”经常是健康的而且身体是充满活力的。然而不锻炼的问题也在儿童和青少年中间蔓延，甚至在青年人中间达到的程度之高令人吃惊。

锻炼作为日常生活的正常组成部分

面对新与旧的挑战，全面健康政策的一个重要方面近在咫尺。为什么不引入一种广泛的、仔细构思的邀请，让人们在日常交往中尽可能多地步行与骑车呢？当然，无数的邀请必须在高品质的步行与自行车路的形式下构建物质基础，与信息运动相结合，使人们了解当运用自己的个人能量供应于交通时的优势和可能性。

许多城市，包括哥本哈根和墨尔本，近年出台了总体目标，即更加精细地制定了在现有的和新的城市区域中尽可能多地诚恳邀请步行和骑车的要求。在几个城市中，如纽约、悉尼和墨西哥城正在进行的工作就是发展基础设施和城市文化，以便于步行与自行车交通能在日常行为模式中占据主导地位。

这些城市提高和改善了优先考虑的事物，提高了步行网络，加宽了人行道，铺设了更好的路面，种植了成行的林荫树，移走了不必要的人行道路障并且改善了过街设施。此目标就是让人们无论白天还是夜晚在路上简捷、非复杂且安全地行走。而且它也应是令人愉悦的，有着美丽的空间，良好的城市家具，精美的细部以及良好的照明。

2000 年之后的几年间，成千上万公里的良好的自行车线路和道路已在全世界范围内得以设计，为骑车人提供了非复杂的、快速且安全的穿城漫游。

在新城区中对经常吸引人们步行和骑车政策的采纳完美得如同一幅清晰可行的前景图，但是如果这种邀请有什么意指的话，那么许多创新的思考和新的规划过程将要加以要求。毕竟，

当步行和骑车成为日常活动方式的自然部分时，对个人的生活品质和健康都具有积极地派生作用——甚至对社会具有更大的益处。

世界范围的城市规划师已经习惯于几十年的专门为汽车交通的规划了。

对步行和自行车令人信服的邀请，将要求在规划文化方面有所变化。新的城市的规划必须起步于设计最短捷的、最具吸引力的步行和骑车的联系，然后再阐述其他交通的需求。这种规划优先性将在新的城市居住区中带来与更小的空间尺度更为紧凑的组织。换言之，它在这些居住小区中居住、工作和活动将会更具吸引力的，比起那些按今天常规标准建造的城市居住区而言。生活必定在空间前产生，依此类推，它也必定会在建筑前产生。

“一天一个苹果，远离疾病烦恼”是一句流行了很长时间的健康口号。对于更健康的生活，今天的忠告就是每天步行 10000 步。如果古老的和新的城市区域被设计成步行交通或是步行与骑车相结合的交通，这些交通还能易于满足每日交通需求的话，许多健康问题就能够被减少，而且不仅生活品质而且城市品质也都能得以提高。[35]

在老城中几乎所有交通都是靠步行。步行是来往的方式，是每日体验社会与人们的生活方式。城市空间是聚会场所、市场和城市的各种不同功能之间的运动空间。这个共同的特色就是用脚来漫游。

在威尼斯，人们平日里很容易就走上10000，15000和20000步。你不会认为距离很远因为沿线有丰富的景象和美丽的城市空间。所以你只有走才能感受到。

城市活力，安全性，可持续性和健康作为一个统一的城市政策

回顾本章有关充满活力的、安全的、可持续的和健康的城市的讨论，强调了这些议题与大量可能性的相互关联性，即总体上提高对步行者、骑车人和城市生活的日益关注，都意在说明对所有四个方面的追求。

一项单独的城市政策的改变将会加强城市品质和重要的社会目标。关于其他益处，对城市中步行和自行车的更加强烈的邀请可以快速且低廉地做到。它将是可见的，具有重要的非凡的价值，并且是为城市所有使用者考虑的一项政策。

然而，言行必须一致，并且必须建立良好的自然有形的框架。更加重要的是，我们必须诚心诚意地工作与研究以吸引人们将在城市中步行与骑车，以此作为日程中的一部分。邀请是关键词，同时在这种联系中以小尺度创造的城市品质——在视平层面上——是至关重要的。

在全方位的健康政策中至关重要的成分应是将创造城市中步行和骑车成为一个明显的选择。从提高生活品质，降低保健的成本方面益处是巨大的。

第4章

视平层面的城市

4.1 追求质量的要点在于小尺度

视平层面的城市：城市规划最重要的尺度

在很多城市中，尤其是在发展中国家的城市中，很大一部分的步行交通是因必需而产生的。而在世界上的另一些城市中，步行者数量则要看城市规划在多大程度上鼓励步行而定。

无论步行交通的成因是出于必需，还是由于鼓励，城市质量都至关重要。在视平层面享受良好的城市质量，这对于在城市每一区域中行进的人们来说，都是一项基本人权。

人与城市之间最切身的接触存在于小的尺度内，存在于以5km/h速度行进时的城市景观中。正是在这一尺度内，个体才有时间享受到城市的高质量——或者，困苦于城市的低质量。

在一切类型的城市及市区规划中，无论有哪些意识形态因素，无论有哪些经济前提，对人性化维度的留意处理都应是一个普遍需求。

行走、站立、坐下、观看、倾听及交谈——规划的最佳出发点

下文概述了规划城市中人性化维度时的几大原则。出发点很简单：考虑的是若干最普遍的人类活动。城市必须为人们的行走、站立、坐下、观看、倾听及交谈提供良好条件。

这些基本活动与人类的感觉、活动器官紧密相连，如果这些基本活动能够在良好条件下进行，那么在人性化景观*之中，它们以及其他相关的活动就能够相互交织组合，实现一切发展的可能性。而在所有可用的城市规划工具之中，对于这种小尺度的关注是最重要的。

如果家庭中的起居室不能够满足业主的每日使用需求，那么即便城市规划和居住区规划得再体贴，也终归无济于事。相反，视平层面的居住空间及城市空间的质量，本身就对生活质量具有决定性意义，甚至可以抵消其他规划区域中存在的缺陷。

建筑内部、街区邻里或整个城市究竟是否适合人们行走、坐下、倾听、交谈，这取决于设计者对人们直接感官的考虑。追求质量的要点在于小尺度。

* human landscape：城市中利于人们行走、坐下、倾听、交谈、观看的场景，本书译为人性化景观。——译者注

4.2 适合步行的城市

生活始于足下

一岁左右的婴儿迈出第一步那一天是人生中一个重要的日子。小孩的视平层面从爬行时的最佳视点（大约 30cm）上升到了地平面上 80cm 左右的位置。

蹒跚学步的小孩比从前能看得更多，走得更快。从这时起，小孩世界中的一切——视野、透视关系、总体视域、运动步伐、灵活度、运动机会等——都上升到了一个更高、更快的层面。从此，生活中的所有重要时刻都将在站立或行走状态下被体验。

虽然行走基本上是一种从一地到另一地的线性运动，但它其实还意味着更多东西。行人在行进中可以轻易地转向、调整位置、加速或减速，也可以转而进行其他类型的活动，比如站立、坐下、奔跑、跳舞、攀登或躺卧。

行走中的生活（意大利卢卡，约旦安曼，摩洛哥马拉喀什）。

行走不仅仅是行走。

带目的步行，步行作为其他活动的起点

城市的步行就能体现出行走的大量不同类型：既有从 A 地到 B 地的快速有目标前进，也有在享受生活、欣赏夕阳时的漫步闲逛，既有小孩们在街上一边嬉戏一边蜿蜒行进，也有老年人迈着坚定的步伐外出，或是为了透气锻炼，或是忙于办事奔走。无论目的怎样，人行走于城市之中，就会与发生于其周遭的各种社会活动融为一体，因此步行总会有一种“广场”效应。行人不时把头从一边扭到另一边，甚至驻足转身观察身边事物，有时还会与其他人打招呼。步行不仅是一种交通方式，而且还是很多其他活动的潜在起点与发生场合。

步行有多快?

步行速度受很多因素的影响：路线的质量，路面，人群密度，以及行人自身的年龄和行进能力。空间的设计在此也起一定作用。行进在那种鼓励直线运动的街道线路上时，步行速度就会快一些，而穿过广场时，步伐通常则会减慢。这有点像流水，在河床上流动很快，在湖泊里则流速很慢。天气是另一个影响步行速度的因素。下雨、刮风或寒冷的日子里，人们的行进速度比平时要快得多。

在哥本哈根的主要步行街斯特罗盖特大街上，寒冷冬日里的步行速度要比温暖夏日快 35%。夏天，城市里有很多行人漫步街头，享受这一过程，与此相比，冬天行人的目的性则要强很多。平均而言，夏天走一公里需要 12 分钟，相当于 4.2km/h。而冬天走一公里则需 10.3 分钟，相当于 5.8km/h。[1]

如果以 5.4km/h 速度行进，450m 的步行路程需要约 5 分钟，900m 路程则需要约 10 分钟。显然，以上预估时间值只适合没有拥挤人群、行人也无须穿越障碍或被迫停顿的情况。

步行多远？

所谓“可接受的步行距离”，是一个比较灵活的概念。有些人走很多公里也乐此不疲，也有些老年人、残障人士或小孩走很短距离都很困难。通常认为，大多数人乐意接受的步行距离是500m。但是，“可接受距离”还取决于路线质量。如果路面铺装质量较高，沿路景观也颇有趣味，那么通常人们可以接受较长的步行路程。相反，如果沿线景观无趣，行人就很容易感到疲劳，步行欲望也会骤减。这种情况下，200m 或 300m 的一段路程就会让人觉得很远，虽然走起来不过 5 分钟而已。[2]

500m 是可接受距离的标准值，这一观点也可以从城市中心的大小上获得验证。大多数城市的市中心面积都在 $1km^2$ 左右，也就是一个 1km × 1km 左右的区域。这就意味着，只需走不超过 1km 的距离，就能够达到大多数城市设施。

像伦敦、纽约这样的大城市同样有类似的模式，因为这些城市可划分成多个“市中心”及其他区域。所以即使在这些城市里，也一定能找到上述神奇的“$1km^2$ 市中心面积公式”。可接受的步行距离并不会仅因城市大而变化。

步行空间

要想获得舒适愉快的步行体验，一个重要的前提条件是要具有相对自由、不受阻碍的步行空间，行人无须穿来穿去，也不会被人群拥挤推搡。儿童、老年人及残障人士要想不受阻碍地步行，还需要特殊条件。推着童车、购物车及助步车行走也要占用更多空间。而年轻伙伴们则通常最能适应在拥挤人群中穿行。

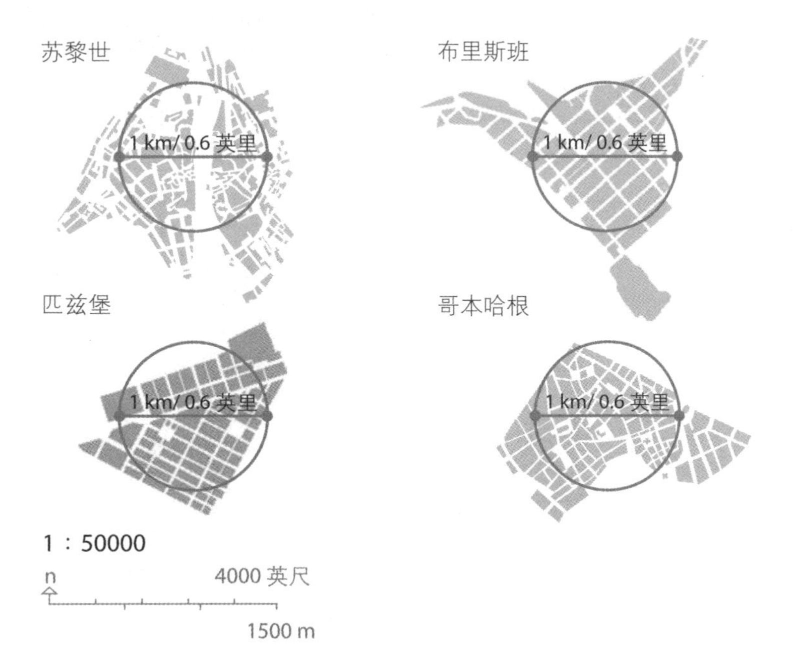

大多数城市中心的面积为 $1km^2$ 左右，行人只需走不超过 1km 的距离，就能够达到所有重要的城市设施。

波兰街道的标示牌慎重地提醒行人将双臂收紧在体侧。

世界各地的街道优先考虑汽车交通及停车，使得步行条件变得艰难。对于各类行人来说，步行空间都很重要，而对儿童、老人和残障人士尤其如此。

如果我们看100年前的照片，就会发现上面的行人通常能行走自如，在任何方向上都不受阻碍。那时大多数城市仍然是步行者的乐园，只是偶尔受到马车、电车、汽车的侵扰。

随着汽车的不断侵入，行人先是不得不沿建筑立面行进，后来渐渐被挤到了越来越窄的人行便道上。人行便道拥挤得到了难以接受的地步，成为困扰全球的问题。

对伦敦、纽约、悉尼城市街道的研究表明，大量步行人群在狭窄的人行便道上行进，引起了严重的交通问题，此类设计者把这些街道的主要区域用于汽车通行，却根本不顾驾车者数量远少于人行便道上的行人总数这一事实。[3]

人行便道上，由于人群拥挤，形成了前推后搡的一队队人流，其中每个人都不得不按照人流整体速度行进。老人、残障人士和小孩就不可能跟上队伍。

根据研究语境，学者们对步行交通中的“可接受空间量”提出过多种不同限制。基于对纽约的研究，William H. Whyte 提出了人行便道上每分钟每米最多通过 23 名行人的上限。哥本哈根的研究结果则表明，为避免人行便道出现不可接受的拥挤状况，每分钟每米最多通过 13 名行人。[4]

人行便道上的障碍滑雪

若想得到舒适的步行体验，那么除步行距离和速度方面的考虑之外，还应给步行提供足够空间，使之免于过多的停顿和障碍。专门用于步行的区域通常具备这样的质量，而城市街道上的人行便道则很少如此。相反，近年来引人注意的是，步行环境中出现了越来越多的障碍和困难。人行便道上系统性地引入了交通标志、灯柱、停车装置以及各式各样的技术控制设施，为的是“不挡道”（也就是说不妨碍汽车交通）。汽车停在，或者半停在人行便道上，再加上随意停放的自行车和胡乱布置的街道标志牌，步行环境变得一团糟，整条人行便道上可供行走的区域非常狭窄，行人在行进中必须反复变向，好像是在玩障碍滑雪一样。

让人气恼的绕道和毫无意义的中断

在都市环境中步行，还会引发其他很多小麻烦、小困境。比如说，为了把行人限制在拥挤的人行便道上，很多地方都加上了护栏。在街道相交处，还有一些障碍物阻挡行人靠近街角，此类障碍甚至延伸到马路上，让人绕路更多，气恼不断。

在汽车交通占主导地位的城市中，为了使汽车更方便地到达车库、车道、出口和加油站，人行便道上的行进路线还会被多次中断，这越来越成为街道景观的一部分。在伦敦的摄政街，每天流量达 45000 ～ 50000 名行人通行的人行便道上有 13 处不必要

步行路线好像障碍训练场（澳大利亚悉尼，英国米德尔斯堡）。

很多城市一直让人行便道因入口、车库、小街而中断。但小街上的汽车应该退让，保证主道上的行人和自行车不受阻碍地行进（伦敦摄政街，哥本哈根常见的解决方案）。

的中断，[5]而在南澳大利亚的阿德莱德市中心街道上，不必要的中断居然超过了330处。[6]

除了这类迫使行人、轮椅和童车不断上下路缘，避让车库或大门的无意义中断之外，当小街与大道交会时，往往还有很多设计动机不明的中断。几乎在所有各类情形中，人行便道无论是经过建筑入口，还是经过小街巷，都不应中断，这样才符合鼓励步行的总体政策，而不致挫伤人们采取步行方式出行的积极性。

步行在拥挤的人群中，无尽地等候红灯

除了步行空间狭小，困扰不断之外，行人还要在街道交会处的红绿灯前无穷无尽地等候。道路设计者给予行人的优先级别通常很低，因此要等候的红灯时间很长，通行的绿灯时间却很短。绿灯经常只有几秒钟，然后就是闪烁的红色信号，意思是说：别阻碍交通，赶紧跑过去吧。

在很多地方，尤其是英国以及受英式交通规划理念影响的国家，过马路并不是一项基本人权，而是一桩需要提交申请的事情：行人要先按一个按钮，才能通过路口。在那种迷宫一般复杂的路口上，甚至要按3次按钮才能顺利通过。因此在这样的城市里，要想在5分钟内走完450m，那就是纯粹的白日梦。

悉尼市中心有很多行人，但也有很多路口，很多红绿灯，很多按钮，很长的等候时间。在那儿，行人很容易为了等候“行人通过”信号灯花掉全部出行时间的一半。[7]

在世界各地很多交通繁忙的城市中，等候信号灯的时间占去出行时间15%、25%、乃至50%都是司空见惯的事情。

与此相比，在哥本哈根的主要步行街斯特罗盖特街上走

1km，等候时间只占全部步行时间的0~3%。如果为某个确定目标，只花12分钟就能经斯特罗盖特街穿过城市，但是很多人走这条街还是会花更多时间，因为一路上是很有意思的。[8]

如果路口和信号灯频繁迫使行人停止的话，还会在人行便道上出现另一个特殊现象。哪怕是行人数量不多的时候，人流也很容易集中并形成拥挤段。

每当遇到红灯时，步行人流停止，速度稍慢的行人就会赶上大部队，所有人聚到一起形成一个拥挤段。绿灯亮时，拥挤段向前行进，直到下一个红灯前，队伍又有所分散，可是红灯又让所有人聚集起来。在两个拥挤段之间，人行便道上往往几乎没什么人。

世界各地的城市居民在行走时都很有节能意识，很留意节省自己的体能。过马路时，他们会选择最自然的途径，避免绕道，避开障碍、楼梯和台阶，并且总是会选择直线路程。

过马路是一项基本人权，而不是一桩需要通过按钮提交申请的事情（澳大利亚城市路口的按钮，中国城市路口的友好提示）。

建筑师也像所有人一样不喜欢绕道（丹麦哥本哈根建筑学院）。

从雪后的城市广场上、从大学草坪上，都能看出人们创造最短路径的能力有多强（丹麦哥本哈根市政厅广场，美国马萨诸塞州剑桥市哈佛大学）。

请设计直接线路

只要行人能看到行进的目标，他们就会规划路线，选择最短路径。下雪之后，如果留意观察城市广场上的足迹，就能够看出行人乐于采用直线路线；同样，行人们在世界各地的无数草坪及园林景观上踩出的小路也能为此作证。

对于行人来说，直达目的是自然反应，但善用量尺的建筑师却经常会设计出方方正正的规划方案，因而与行人自然选择的路线发生阴差阳错的冲突。方方正正的设计方案看上去整洁堂皇，可惜行人并不领情，常常把这样设计出来的街角、草坪、广场踩踏得面目全非。

在设计建筑群和景观时，通常很容易预测人们的首选步行路线，并在合理程度上将之整合到设计中。这些首选路线通常都能创造迷人的风格与造型。

物理距离和感受距离

500m 左右的距离对于多数行人是可接受的路程。但这不是一个绝对真理，因为“可接受性”永远是距离与路线质量共同决定的。如果路线的舒适程度低，那么可接受的路程就要短，反之，如果路线有趣，舒适宜人且能带来丰富体验，那么行人就会忘掉距离遥远，充分享受途中的体验。

步行的心理学

有个说法，叫做“未走先累的路线”，说的是行人在动身前就能将整条路线一览无余的情形。道路笔直，看上去没完没了，沿路也不像能提供什么有趣的体验。这样的路线，人还没走就会觉得累。

相反，整条路线能被划分为多个易于完成的部分，行人可以从一个广场走到另一个广场，这样就自然地将路程划分为不同阶段，或者也可以沿一条蜿蜒迷人的街道行进，在一段段街区间信步游荡，流连忘返。所谓“蜿蜒”，并不是指街道一定要曲里拐弯，避免行人一眼看穿，而是指在这种街道的角落和转弯处总有全新的景色吸引人上前观看。

下左：在曲折而富有美景的路线上，哪怕实际路程很长，也会让人觉得很短。（哥伦比亚卡塔赫纳）下右：相反，如果视野单调，沿路缺乏有趣的景观，那么一段路程可能会显得没完没了（哥本哈根 Ørestad）。

沿阶梯上行比在平面步行更吃力，我们会尽可能避免走阶梯。而且，对社会中很多类型的人群而言，阶梯是直接障碍。

右图：如果我们从最底层就能看到全部阶梯，我们会更感到攀登吃力。

有人把东西留在低层台阶上，等方便时再取走，这说明阶梯无论在实际上、还是在心理上都对行人构成了障碍。

哥本哈根的主要步行街斯特罗盖特街恰好 1km 长，几乎贯通了整个市中心区域。街上有无数的转弯和拐角，让空间变得曲折闭合，富有意趣。途中还有四个广场，进一步划分了路段，从心理上消除了这段通过市中心路程的费力印象。行人从一个广场走到另一个广场，转弯和拐角更令沿途充满难以预料的趣味。在这样的环境中，走 1km、乃至更远的路程也毫无问题。

请让行人在视平层面有更多有趣的东西可看

街道的形式，空间的设计，丰富的细节以及强烈的体验都影响步行路线的质量，增进步行途中的乐趣。城市街道的“边界”也起到一定作用。我们在步行时，有很多时间可以左顾右盼，因此在我们路过的街道中，视平层面的建筑首层立面质量就对于路线质量具有尤其重要的意义。这也就是为什么在前文论述“生动的城市”时，我们推荐行人较多的街道采用“窄门面，多设门”原则的原因。

请采用更窄的门面，更多的细节，垂直形态的建筑立面

对于沿途没有商店、货摊的步行路线，“更窄门面、更多体验”的原则也同样重要。住宅、办公、机构建筑前面的大门、建筑细部、景观及绿化能为步行路线增添意趣，提供很好的步行体验。

如果建筑立面主要采用了垂直方向上的表达形式，那么人们就会感到步行路程更短、更省力，相反，如果建筑多采用强烈的水平线条，则会加深和强化距离感。

请不要采用阶梯和台阶

行人很注重节省体能，这一点从阶梯和台阶上也能得到很好的体现。水平方向上的运动不费力。如果隔壁房间的电话铃响了，我们会起身接电话。但是，如果其他楼层的电话响了，我们就只会喊一声，问问谁能接电话。上下楼梯台阶需要更多的运动量，更多的肌肉能量，并且在攀登过程中还需要调节行走的节奏。所有这些因素都让上下运动比同一平面上的水平运动更费力，当然也比借助机械方式上下运动更费力。在地铁站、机场和百货商店，很多人为了等电动扶梯都情愿排队，而他们身旁的楼梯却无人通行。多层的购物中心和百货商店都依靠电动扶梯和电梯运送顾客上下楼。如果这些电梯停运，那么顾客就都不会购物，而是径直回家了。

阶梯在物理上与心理上是双重障碍

研究多层住宅家居中的日常生活是很有意思的事。几乎在所有的研究案例中，日常活动的主体都是在首层发生的。只要走进起居室，人就会自然而然地留在那里，除非不得不上楼。小孩把玩具带到起居室玩，直到睡觉时间父母才把他们带上楼。低层地

如果要在台阶和坡道之间选择的话，我们几乎永远会选坡道。

右图：威尼斯街景中，马拉松式的长坡道表明绝大多数人都要走坡道而不是台阶。

在北京的购物中心里，顾客可以选择是走坡道、楼梯还是自动扶梯。

板的磨损也总比高层严重。二三层上的房间的使用频率几乎总是低于首层房间，同样，比起无须攀登楼梯即可直达的户外空间，顶层露台的使用也更少。常会有东西堆在低层台阶上，等方便时再带到楼上，这说明室内阶梯造成了物理和心理障碍。

应用楼梯心理学

对于行人而言，阶梯和台阶构成了不折不扣的物理和心理挑战。只要有可能，行人就一定会避免走阶梯和台阶。但是，正如我们能把街道的长度“伪装”起来一样，我们也能把阶梯伪装起来，让行程显得更省力。如果在一座五层楼下我们能看到整部楼梯的所有台阶，那么大部分人都会感到无法爬到楼顶，除非是为

阶梯既构成了一种城市雕塑，又形成了供人们行进与停留的城市空间（意大利罗马，西班牙广场）。

了生命攸关的大事。在这类情况中，我们能看到对“楼梯心理学”基本原理的广泛应用。

从一个平台到另一个平台，阶梯分成曲折的几段，这样就把攀登路程分成了更短的几部分。这就像“从一个广场到另一个广场”的行程一样，攀登者也没有机会看到整部楼梯让人心理崩溃的全长。这样，哪怕不得不爬楼，我们也会感到楼梯的迷人之处。但即使楼梯确有了不起的迷人特色，只要旁有电梯，多数人还是会选择电梯。当然，在公共空间中也可以成功运用楼梯心理学，比如罗马著名的西班牙阶梯就是如此，富于意趣的景观体验让攀登变成了美事。

为了尽量美化城市景观，鼓励人们步行，我们可以得出非常简单的结论：阶梯和台阶是不折不扣的障碍，原则上应尽可能避免。如果在步行环境中一定要使用阶梯和台阶，那么就必须考虑各方面的舒适度，必须运用楼梯心理学，有目的地增添视觉意趣。为了让推着童车、购物车或轮椅的人及行动不便者顺利出行，必须设置坡道或电梯。

采用坡道而非阶梯

如果行人能在坡道与阶梯之间自由选择，他们无疑会选择坡道。如果地形只是稍微起伏或采用坡道就解决了高度差的问题，那么行人能够保持原有的步行节奏。儿童、残障人士及推童车、购物车或轮椅的人无须中断也能走完全程。坡道在表面上不如阶梯、台阶那样有个性，但通常它才是人们的首选。

作为最后选择的过街地道和过街桥

从 20 世纪 50 年代至 70 年代，汽车已经开始侵入城市，道路工程对两个重点问题给予了不加批判的关注：首先是怎样提高道路通行能力，其次是怎样让行人免遭交通事故。对这两个问题，通常有一个共同的解决方案，就是把不同的道路交通形式严格隔离开，引导行人经地下通道和过街桥通过道路。无论是过街桥还是地下通道，这都意味着行人要走楼梯。规划师们很快就发现，行人极为反感地下通道和过街桥，要想让这一招奏效，还得沿路加装高护栏，这样行人彻底“无路可走”，只有走下地道或上桥才能过马路。但是，即便这样，仍然没法解决童车、轮椅和自行车的问题。

除此之外，地下人行通道还有很大不便，因为那里经常黑暗潮湿，而且如果行人看不到前方较远的景物，往往就会感到不安全。总之，地下通道和过街桥虽然大都造价不菲，但与优质步行景观的基本设计原则却是背道而驰的。当前，越来越多的城市鼓励人们步行或骑车出行，从这个角度看，地下通道和过街桥显然

过街天桥只应作为最后选择考虑，只有当必须避免行人从街道同一平面过街时，才应设计过街天桥。

右图：在日本城市中，过街天桥综合交错，形成了一个大型系统。困难程度：高。有趣的散步机会：少（日本仙台）。

只能应用于那种需要穿过主干公路的特殊场合。对于其他各类道路和街道来说，都应该另想办法，应该让行人和自行车保留在街道同层平面上，有尊严地过街。经过如此整合的交通模型也能使城市街道变得更加友好、安全，因为汽车会开得慢一些，停得多一些。

今天在世界各地，废弃的地下通道和过街桥比比皆是。这是某一特定时期、某种特定哲学的产物。

不平坦的鹅卵石和板石路面

自然，道路铺装也对行人的舒适度有很大影响。未来，路面和铺装质量还将日益重要，因为老年市民越来越多，行人的运动能力将有所下降，同时，街道上的童车、轮椅和购物车也会增长，

鹅卵石个性十足，可是对行人并不友善。

在瑞士苏黎世，很多年来行人要想到火车站就得穿过地下通道。现在已经在街道平面上设置了步行过街口，取代了原有的地道。

另外还会有更多人愿意带孩子在城里步行。平坦防滑的路面是良好的选择。从视觉上说，传统的鹅卵石和天然板石碎块个性十足，但是很少符合现代需要。在那些一定要保留原有鹅卵石特色的地方，就应该设置花岗石路带，以便轮椅、童车、低龄儿童、老年人以及穿高跟鞋的女士相对舒适地通行。这种类型的铺装方式融合古今风格特点，已被很多城市采用，而且还可用于公共空间的地面设计以体现空间的历史特色。

请让步行道在一年中的每一天、一天中的每个小时都可用

一个优秀的步行城市应该尽可能在全年不分日期、不分昼夜都适于步行。冬天应确保冰雪及时清除，以哥本哈根为例，应该在清扫汽车道之前先清扫步行区域和自行车道。在寒冷的日子里，如果路面结冰，那么步行的人比开车的人更容易受伤，因为开车的人通常都能够开得更慢、更小心。在世界各地，在各个季节里，保障路面干燥不打滑是全心全意鼓励步行的重要举措之一。

夜幕降临后，照明也很关键。在主要步行路线上，行人，尤其是面部，需要良好的照明，建筑的立面、局部及角落也需要合理的照明，这样才能给行人提供保障，提高行人的心理安全感；同时，路面铺装部分以及台阶上也需要充足的照明，这样行人才能安全地转向。

一年中的每一天、一天中的每个小时，都请采用步行交通。

4.3
适合停留的城市

穷城市—富城市

城市空间中进行的活动主要分为两类：行进活动和原地活动。

与行进活动一样，原地活动也有很多类别。这些活动的范围与特点很大程度上取决于所处环境的文化水平和经济水平。在很多发展中国家的城市里，大部分活动都是出于必需而进行。所有活动都在公共空间发生，外部需求压力导致城市空间的质量对于城市生活而言并非至关重要。

在发达国家中，城市生活，尤其是原地活动，更多地受到某些非必需的活动影响。人们行走、站立或是坐下，其主要原因是受到了来自城市空间质量的吸引。

在繁荣发达的城市里，空间质量对于城市生活具有本质意义。但事实上，无论经济发展程度如何，都有充分理由要求城市施惠民众、关注民众。

我们需要有适合停留的城市，在下文中我们将讨论这种需求，并将以城市对停留的吸引和城市的质量作为讨论的出发点。

必需活动和非必需活动

各类原地活动可以简单地通过“必需性”的不同程度来进一步划分。一方面，有必需的原地活动，是否进行这类活动并不取决于城市质量：街头交易、清扫和维护。从事街头交易时，货物买进卖出，商贩则耐心地在十字路口和公共汽车站等候顾客。另一方面，有非必需的、娱乐休闲性的原地活动，比如人们会在长凳上、咖啡座上停留片刻，打量着整座城市，享受着城市生活。对于这类原地活动来说，地点的空间质量、天气及地段都有决定性意义。

城市中有很多人没在走路——这是好城市的标志

对于非必需活动来说，城市质量至关重要，因此我们往往可以用城市中停留活动的进行程度来衡量城市质量及空间质量。一个城市中有很多步行者，这并不一定说明城市质量高——交通设施匮乏或者城市设施相距太远往往也会迫使人们步行。相反，可以断言，如果一个城市中有很多人没在走路，而是自在地停留着，这通常说明城市有良好的质量。比如在罗马，游客很容易注意到广场上总有大量人群或立或坐。人们之所以如此，并非出于必需，

世界各地城市中的原地活动非常不同。在发展中国家的城市中，几乎所有原地活动都是出于必需；在富裕国家的城市中，很大一部分原地活动则是娱乐休闲性的，出于人们自己的选择（印度尼西亚日惹和意大利罗马）。

而是由于城市质量高，吸引他们在此停留。甚至可以说，因为城市空间中有这么多迷人之处让人停下，行人都很难一个劲走下去。与此相对照，也有很多城市街区和建筑群，不少人都会从此路过，但是很少有人驻足停留。

站立

站立通常是一种短时间的活动。一个人能舒服地站多久，这是有时间上限的，对相应地点的质量要求则不是很高。行人总可以驻足片刻，或是看看出了什么事，或是一窥窗内景物，或是倾

边界效应

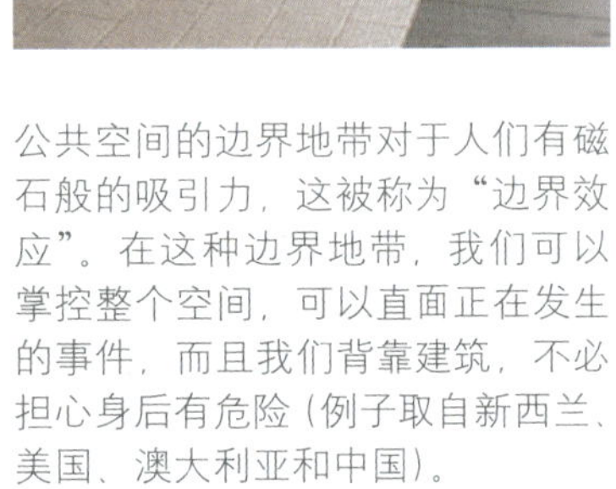

公共空间的边界地带对于人们有磁石般的吸引力，这被称为“边界效应”。在这种边界地带，我们可以掌控整个空间，可以直面正在发生的事件，而且我们背靠建筑，不必担心身后有危险（例子取自新西兰、美国、澳大利亚和中国）。

听街头乐手的表演，或是招呼朋友，甚至还可以单纯停下休息一会儿。在城市空间中，这类短暂的停留通常是自发进行的，无须过多考虑地点和舒适程度。只要在路上出现问题，或者出现好机会，行人就会停步站住。

边界效应

如果行人需要停留较长时间，情形就远为不同。那样一来，他们就需要选个好地方站着。如果他们不知道究竟要待多久，比如他们站着等待某人某事，那么他们就会仔细挑一个好地方待着。

当人们选择停留的地方时，通常会选择空间边界地带，这个现象叫做“边界效应”。站在边界就不会影响空间中的步行人流，而且待在那里也相当安静、谨慎。边界地带有不少重要优点：面前的空间可供观察情况；背靠建筑物，不必担心危险来自身后；而且往往在物理上和心理上也提供依靠。我们可以选择那种墙壁上的凹进小空间，靠墙站立。此外，在城市空间的边界地带，气候也较宜人，因为人在那里多少会有些遮蔽。这是适合停留的好地方。

我们的活动总是遵从若干感觉规则和社会交往规范，人们在停留时对空间边界地带的偏爱就与这些规则、规范紧密相关。选择边界地带这一原则可以远溯至我们居住在洞穴中的原始人祖先。他们坐在洞中的时候，恰恰就是背靠洞壁，面对洞口的外部世界。在近代的舞会中，我们也可以见到这种现象，在场边等候的人往往靠墙而坐，所以也称为“墙边花”。回到家里，我们也喜欢坐在起居室一角的沙发里。

如果要在城市空间中与很多陌生人待在一起，那么边界地带的位置就更加重要了，因为没有人愿意让其他人看出他是在独自一人等候。如果我们沿建筑立面站立，至少我们还能有点依靠。

城市空间中如果没有边界地带，那么供人停留的条件就很差。很容易在一处大的空间中找到那种“孤立无依”的地带，附近交通流量很大，又与四周的建筑立面都不沾边。只要广场的四边中有一条紧靠建筑，通常就能够显著地促使人们在这里停留，而且还能够增加在广场上开展活动的机会。人们可以在建筑首层活动，这就将广场从一个过道式广场转化成一个供人停留的广场。

在很多新城市和新建筑群中，城市广场空空荡荡，无人停留，这些地方的通病就是规划者在设计时没有留意边界地带，因而没有给停留活动提供机会。这样一来，人们当然没理由留在那儿了。

钢琴效应，获得依靠的愉快感

人们抵达接待处后会有各种行为，研究这些行为能提供一些重要信息，帮助我们规划出适合停留的场所。一个最主要的规律

各色人等，无论是小孩还是老人，是神职人员还是世俗民众都需要来自城市空间的实际支持与心理支持（例子取自意大利、丹麦和危地马拉）。

是，来客，尤其是最早到达的那些来客，会自发地找个靠墙的位置等待。另一个典型的行为特征叫做“钢琴效应”，是说客人通常会在边界区域找家具、角落、柱子或者墙壁凹进处之类的地方停留，以便获得依靠，同时这类地方界限分明，而不仅仅是墙边的随便一处。背靠墙壁让人觉得低调、安全，旁边如果有钢琴或者柱子，那么客人就不会感到孤身一人，而是似乎有了伙伴。

当人们在公共空间的边界地带停留时，他们也会打量身边建筑的细部，阅读手边的产品目录，或者把玩身旁的某个设备，因为这能给他们提供某种支点和依靠。锡耶纳的市政广场上有很多护柱，它们的作用体现了城市生活中对于依靠功能的需求。广场上的各类活动有很大一部分都发生在护柱的附近周边，甚至是靠着柱子进行的。在天气好的时候，很难找到哪根柱子没有人靠着。不妨设想，如果突然把广场上的这些柱子拆掉会怎么样：城市空间中的很多活动突然变得孤立无依了，这当然很可能大幅降低空间的活跃程度。

城市中的边界地带都可能是受欢迎的停留区域，但是值得强调的是，最吸引人的停留区域当属边界与优质建筑立面结合在一起的地带。并非所有立面都吸引人停留。如果立面上没有出入口，表面又光滑无细节，那么就会有相反的效果，似乎是对人们说着:“别停下，继续走。”

“凹进效应”或者半隐半显时的愉快感

城市空间中的边界地带和立面细部应该与周边的柱子、台阶、墙壁凹进处等一起放进建筑文脉考察。城市空间中单单有边界还不够：边缘上的各类细节还须向路人发出“请在这儿停下，舒舒服服待会儿”的信号。

在城市建筑立面的各种元素中，“凹洞”和墙壁凹进处尤其是最吸引人的停留地段。在这类凹进的地方很容易找到依靠：这种地方可背靠、可避风雨烈日，还有不错的观察视野。最主要的一点吸引人的地方在于，人待在这里，对于外界是半隐半显的。既可以退后让人几乎完全看不见，而到了出现有意思的事情时，又可以走出来现身。

在适合停留的城市空间中，立面应该不那么平整，而且还应该提供依靠点

前文介绍了步行路线和阶梯的心理学。本节介绍的是城市空间中的停留活动，也对人们的感知和行为作出了类似的观察，并且就如何增加人们在城市中停留的机会提出了若干基本原则。很简单的一点是，在适合停留的城市空间中，立面应该不那么平整，而且还应该提供依靠点。相反，如果城市空间缺乏边界部分，立面光滑而无细节，那么从“停留心理学”上讲就质量很差了。

城市建筑墙面上的凹进和开口尤其适合人们驻足（例子取自西班牙、葡萄牙、墨西哥和加拿大）。

坐下

无论在城市空间中停留多长时间，人们总会觉得站着很累，因此要找地方坐下。预计停留时间越长，人在选择坐的地方时也就越仔细。最好的地方几乎总是结合了多种优点，而很少具有缺点。

哪儿有迷人的座位?

1990 年，在斯德哥尔摩市中心展开了一项对城市质量的研究，其中用 4 分制标准给座位质量进行了评估。[9] 简而言之，对适合坐下的地方的总体需求包括以下几点：宜人的气候环境，较好的地段（最好处于空间边界，能遮住人的后背），良好的视野，适合交谈的较低噪声级别，并且不受污染影响。当然，视野在这里很重要。如果场所具有特殊的迷人之处，比如水景，树木，鲜花，精致的空间，优美的建筑和工艺品，那么人会希望有良好的视野能看到这些东西。同时，人还会希望有良好视野观察场所内的芸芸众生。

建筑系学生也喜欢在不规则立面前休息（苏格兰阿伯丁）。

自然，迷人的视野有赖于场所中的各项有利因素，但城市中人们生活与活动的场景对此也有重要作用。如果座位的周边气候、地段、安全保障感及视野各方面俱佳，那么就称得上得天独厚了。坐在这里的人会想："这地方真不错，我可以多待一会儿。"

因此，斯德哥尔摩的研究表明，城市中的座位质量与使用率之间存在着明确的关系，这也符合我们的论断。环境质量欠佳的座位很少被使用，只有大约 7% ～ 12% 的利用率；而环境质量较高的座椅则常受光顾，利用率达到 61% ～ 72%。这个调查是在天气情况很好的夏天进行的，调查结果表明，城市中的座椅利用率不尽如人意。

公共景观中的长椅经常有不少空着，有时候是因为人刚刚离开，有时是因为人群较为分散，还有时是因为某些个人或者人群希望与他人保持一臂以上的距离。

每天中午时段，在斯德哥尔摩市中心的塞尔戈斯托盖特广场，景观最好、最受欢迎的那些长椅空出后只需 22 秒钟就会被下一个人占据。虽然好座位有这么高的需求，但是长椅的整体利用率只有 70%。空座位增强了长椅的物理舒适度与心理舒适度。人确实乐意坐在别人附近，但又不能太近。[10]

一级座位和二级座位

座位的舒适度影响人们对座位的选择及就座的时间。城市规划中，应考虑设置充足而形式多样的座位供人们选用，既有"一级座位"，也有"二级座位"。所谓一级座位，是指有靠背、有扶手的实际座椅：城市中的长椅、独立可移动的椅子以及咖啡馆座椅。有些人需要停留较长时间，此外年长的市民在落座、坐下和起身时都需要倚靠，对于这些人而言，靠背和扶手能提升舒适感。当然，座位的设计、材料、绝热防水特性对其舒适感也有影响。

树木、长椅和垃圾桶在广场上均匀布置，但既不构成舒适的休息场所，也不悦目（西班牙科尔多瓦）。

除了位置良好，舒适度高的一级座位之外，还需要有很多二级座位供人选用，所谓二级座位，则是指人们可以随意自发地坐下休息张望的地方。这类可坐的地方很多：雕像基座、台阶、大石、护柱、纪念碑或喷泉的周边位置，乃至地面。在白天，座位往往供不应求，这时候“二级座位”能为解决就座需求作出很大的贡献。二级座位平时可以只是台阶、花池边沿之类的东西，一到需要时又可充当座位，一物多用，这可谓是其优点。

从前，不少建筑物和城市设施都经过精心设计，既是步行景观中的优美元素，又可以为路人提供坐下歇脚的机会。威尼斯城里长椅不多，但是可供坐下的建筑元素却极常见。William H. Whyte 在电影《小型都市空间的社会生活》（The Social Life of Small Urban Spaces）中谈到威尼斯时说：“整个城市都可坐。”[11]

地点和设计对座位的质量至关重要，因而能决定其是否吸引游人。

右图：长椅背靠山墙，阳光充足，吸引了很多人在此歇息（西班牙）。左图：钢管座椅的作用则很成问题（日本）。

什么人坐在那儿?

笼统地说，儿童和年轻人可以在任何地方、任何东西上坐下。对他们而言，舒适度、气候和材料都不重要。这两种人通常占据了城市中的大部分“二级座位”。成年人和老人需要更强的舒适感，因此选择就座地点时要慎重得多。这后两种人是否能在城市空间中坐下停歇片刻，通常就要看是否有比较舒适的座椅设施，最好是带靠背和扶手，而且材料也要“适合就座”。如果“为所有人设计的城市空间”这个理念真有什么意义的话，那么尤其重要的是应该给老年人提供良好的座位。年轻人总可以凑合。

直椅背和冷椅面

如上文所述，路人在城市里停留时间越长，意味着城市越有生命力。停留的程度和时长通常对城市生活至关重要。要创造具有社会生命力的城市，就必须让所有年龄的人都能在城市中驻足歇脚。

好的城市空间应该以长凳和座椅的形式提供一级座位，同时还应该提供很多二级座位：台阶，雕像和纪念碑基座等（哥本哈根市内可供坐下的雕塑，汉堡港口新城中可供坐卧的城市设施以及悉尼歌剧院前的就座景观）。

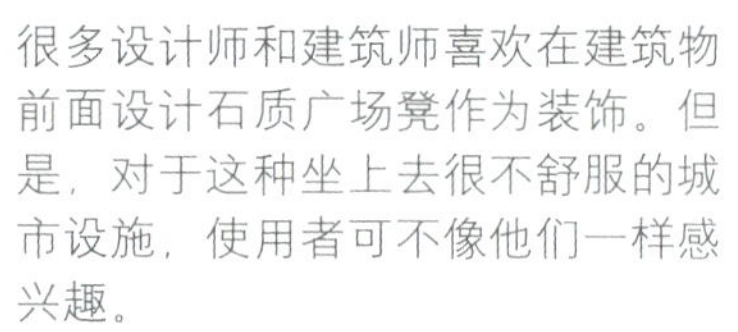

很多设计师和建筑师喜欢在建筑物前面设计石质广场凳作为装饰。但是，对于这种坐上去很不舒服的城市设施，使用者可不像他们一样感兴趣。

在城市空间正中安放了那种很不舒服的长凳后，在凳子上添两个青铜人倒是个好主意，这样一来，凳子终归是不会空着了（比利时哈塞尔特）。

这里，创造舒适迷人、适于停留的城市空间的原则，又一次与建筑设计的通行实践发生了冲突。在规划座位地点，选择长凳的设计形式和材料时，通常根本不会关注城市生活因素。长凳常常在空间中孤立无依，与建筑的边界地带毫无结合，而座位则往往设计成方墩或者“棺材”的样式，这固然在设计上与建筑形体相当吻合，但人们就座的时候就很不舒服了。就算大理石和抛光花岗石在风化后的形态很优美，也只有在巴塞罗那这样的南方城市里，坐在这些冰冷的材料上才会感到舒服，而且即便是在南方城市，一年中也只有很少几个月如此。此外，如果没有靠背，没人会坐下歇息很长时间。

可移动的座椅

正如上文所述，一级座位包括各类长凳，但其中还可以包括可移动的座椅，就像我们在巴黎公园以及纽约市的布赖恩特公园中可以看到的那样。可移动座椅给使用者带来了很好的灵活性，使用者可以随意移动座椅，从而兼顾气候和视野，充分利用场地空间。而且可移动的座椅还可以让人们有机会因地制宜地布置社交空间。

在不同的季节里，可移动座椅可以很简单方便地放置或储存，这是另一个优点。在寒冷季节里，广场上、公园里露天闲置的空椅子勾起人们对旅游淡季时海滨景点的回忆。

在私有空间和公共空间之间的过渡地带停留

人们行走在城市空间之中时，能感受到长凳、座椅和其他细部设施给大家带来的愉悦，前面的讨论主要集中于此。但是，在城市的公共空间边界，还有很多全私有或半私有的停留场所，它们同样影响着城市的总体社会活动水平。对城市中心、街道及居住区域的大量研究表明，在城市空间边界的平台、露台和前庭花园处的停留数量占总体停留数量的很大部分。[12] 正如我们预知的，城市空间的一些边界区域既方便人们进出，又可供人们停歇休整，因此人们对它们的使用频度超过其他所有的停留场所。这些场所的使用人群定位明确，对于他们而言，这类场所非常简便适用。

作为休闲饮品与停留借口的卡布奇诺咖啡

在城市空间边界的各类停留活动之中，现代城市景观里的道旁咖啡座扮演着尤其重要的角色。在最近二三十年里，户外服务的形式遍布城市空间。

道旁咖啡座一度是地中海城市文化的特色，但现在全球的经济发达国家都已广泛采用这一做法。城市居民越来越富裕、悠闲，因此从芬兰到新西兰，从日本到阿拉斯加，都可以见到咖啡座的

可移动座椅为城市提供了舒适灵活的休息场合（澳大利亚墨尔本市政厅广场，纽约市布赖恩特公园）。

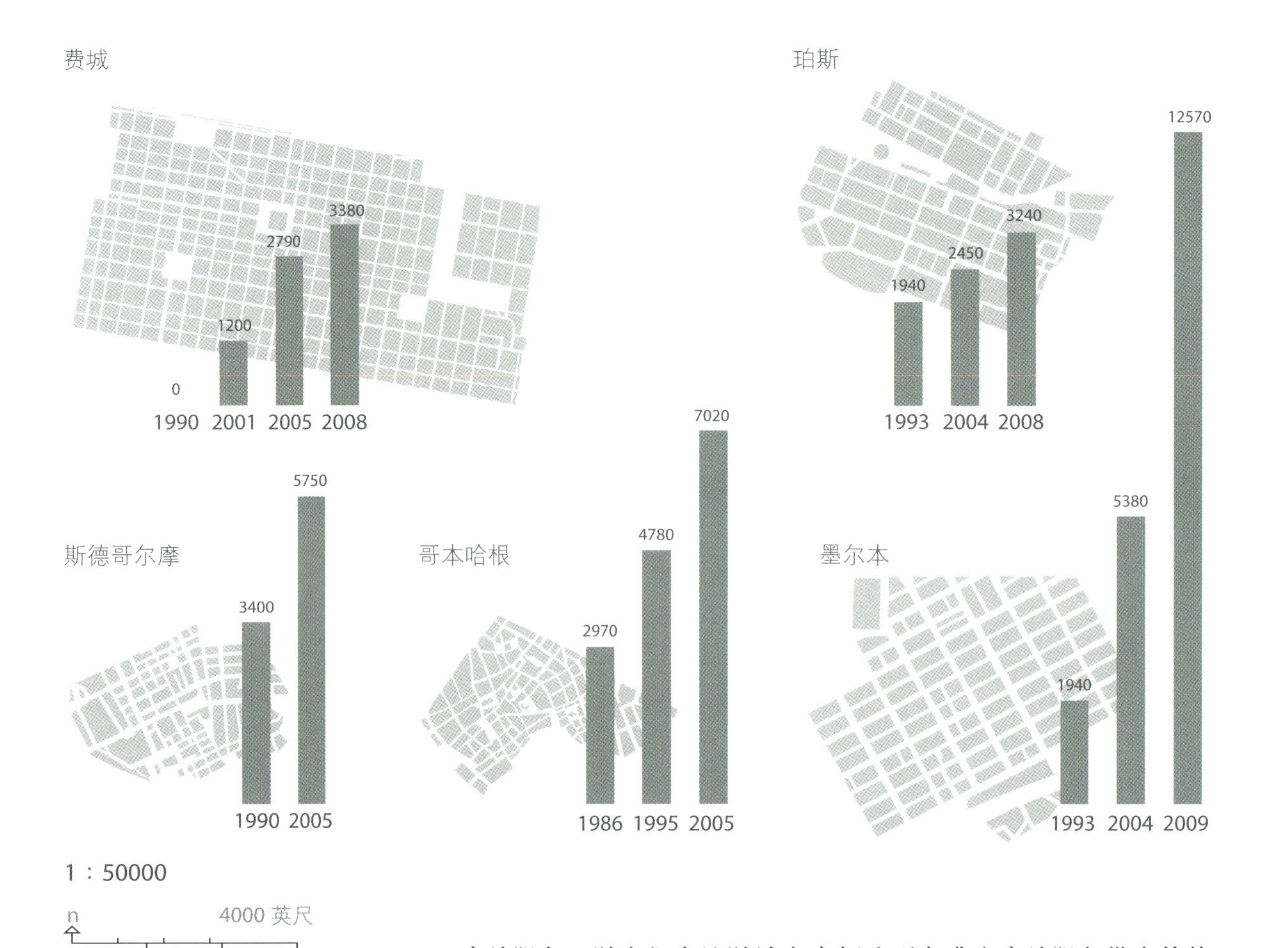

城市空间中咖啡座数量的激增是一个全球现象。它反映出了市民的新需求以及利用城市空间的新方式。放在桌上的咖啡杯既代表一种休闲饮品，也是人们在城市空间中长时间停留的一个好借口。[13]

户外服务。游客们在旅游城市中领略到咖啡座户外服务带来的休闲生活之后，就把咖啡座文化的理念带回到家乡城市。很多城市从前只忙于事关生计的各类必需活动，但咖啡座的开设意味着休闲生活占了上风。现在，人们有了时间和资源，能够从咖啡座这一绝佳位置享受城市生活。

近至二三十年前，很多城市（比如哥本哈根和墨尔本）都由于天气原因而被公认不适合开设户外咖啡座。但是现在，所有这些城市的市中心都有了 7000 张以上的咖啡座座椅，户外服务提供的时段也在不断延长，从 8 个月到 10 个月，乃至全年提供，“应季”时间逐年增长。[14]

咖啡座的流行以及人们在此相对长时间地停留表明了咖啡座结合了多种优点：座椅舒适，景观宜人。道旁咖啡座的真正存在理由和迷人之处其实在于一点：道旁的城市生活。它提供的歇息、餐饮机会是另一个优点。喝咖啡也许只是人们到咖啡座入座的表面原因，但它也给在此闲坐旁观城市生活的人提供了一个借口。所有这些优点结合在一起，说明了为什么咖啡座有这么多人光顾。同时这也说明了，为什么人们在咖啡座中停留的时间总是比喝杯咖啡要用的时间长得多。人们来此的真正目的其实是为了娱乐休闲，尽情享受城市空间。

从前，人们为了生计每天花好多时间在城市中奔波，在路途中解决很多实际需求与社会需求问题。在城市中的行走停留成为日常生活的一部分。

今天，人们的日常生活充斥着各种各样的休闲娱乐，几乎不需要单纯为生计而在城市空间中奔走。在这种新形势下，道旁咖啡座为人们长时间地享受城市生活提供了新的理由和去处。

好的城市和好的聚会有很多类似之处：客人留下来，是因为他们在聚会中享受快乐

在本节中，我们介绍了人们活动的次数和时长是如何决定城市生活质量的，阐述了对于构建富有生机的空间和城市而言，停留活动的程度和时长是何等关键的因素。相反，城市中如果有很多人，但只在公共空间中短暂停留，那么就对城市生活质量的提升不起太大作用。

鼓励市民在城市空间中步行和骑车只是一个开始，远非大功告成。还必须鼓励人们坐下，长时间在城市空间中停留。停留活动不仅仅对构建富有生机的城市而言是关键因素，而且对构建真正令人快乐的城市而言也同样重要。人们在一个地方停留，是因为这个地方美丽、有意思、宜人。好的城市和好的聚会有很多类似之处：客人留下来，是因为他们在聚会中享受快乐。

近年来，咖啡座文化发展迅猛，在一些城市，几年前还认为这种服务根本不可行，现在也一样盛行咖啡座了（夏日午后，冰岛雷克雅未克）。

4.4
适合会面的城市

作为共同前提的看、听、谈

所谓“适合会面的城市”，指的是为三种基本人类活动提供良好机会的城市：看、听和谈。

在城市空间中，会面发生于多种不同的层面上。有所谓的被动接触，也就是说单纯出于机会，观看和倾听城市生活中的方方面面，这是一种低调而非强制的接触形式。看与被看是人们之间会面最简单、最广泛的形式。

如果比较视觉接触和听觉接触的次数就能发现，那些活跃、直接的会面只是所有会面中数量更少、更易变化的一部分而已。会面包括计划会面、自发会面、不期而遇、问候、与在途中遇到的熟人语言交流和交谈等。有人问路，有人指路。有在城市行走途中，与同行朋友和家庭成员之间的交谈。在长凳上、在公共汽车站，人们都可能会面谈话，当场合需要或者意外发生时，你一定还会与邻座的人说话。在城市中人们还会旁观各类事件，倾听街头音乐，观看或参与大型公共活动，比如列队游行、街头聚会或者示威等。

看、听和谈等活动还可以有各种不同组合，为这些活动提供机会，是让城市空间中的人们可以交往的前提。

好的视野至关重要

城市中最重要、最吸引人的一个方面就是对城市生活的观看。无论我们在走路、站立还是坐下，我们都会持续进行一种非常普遍的活动：看人。如果长凳和其他座位能够提供很好的“看人”视野，那么它们的利用率就肯定能得到保证。当然，城市规划者还应该考虑到其他吸引目光的事物，比如水、树木、鲜花、喷泉和建筑物。如果能结合上述多种事物，那么视野甚至还能更佳。为了提升城市质量，就必须下气力认真设计视野，并提供更多可看的东西供人选择。

请设计不受拘束的视线

既然自由无拘束的视野如此重要，因此规划师还应该像对待视野一样，认真对待人们的视线。在很多城市中，人们眼前的视野和景观往往被停驶的轿车、公共汽车、胡乱排列的建筑、设施和景观限制住了。

另一个问题就是从建筑内的窗户和阳台向外望去的视线。这时，视野经常被建筑师未经细思而设计在窗户上的横栏阻隔，因此坐在室内的人无法具有不受限制的视野。由于阳台上有栏杆，露台上有栅栏，因此在居室之内也很难观看到街道上、公园里的城市生活。对于建筑师来说，避免这些问题的秘诀是，在设计建筑细部的时候思考一下从室内望向室外能看到什么东西，同时还要保障室内人们的私人生活不会受到来自室外的过度打扰。

这里同样重要的是，在绘制建筑物与街道剖面图时，设计师认真研究了站立高度、就座高度和儿童高度的视线，并将之浑然一体地结合到自己的设计之中。

建筑内外的视觉接触

在街道层面，建筑物内外应该具有良好的视觉接触，前文已经强调了其重要性。而对于室内外相关人群来说，建筑内部、建筑首层以及建筑前公共空间等区域内人们之间的视觉接触也是影响体验强度和接触机会的重要因素。这里同样极为需要认真规划，应该将对体验与接触的考虑置于保护私密空间的考虑之上。哪怕视线再通畅，通常也不会影响商铺和办公室的运转。一些大都市里修建了近乎透明的苹果电脑商店，表明商店中的活动已经是城市生活视觉景观的一部分。相反，很多其他的商铺，尤其是超市，与城市生活彼此隔绝，密封在砖墙、彩色玻璃或广告牌后面，因此起到了使体验贫乏化的坏作用。另外，很多商店打烊后，橱窗也会用卷帘封闭，这是很糟糕的设计。在夜晚和周末，卷帘让街道显得更不安全，降低了步行逛街的趣味，因为沿着这些封闭的建筑走已经没有什么可看、可体验的了。

建筑外部和内部之间的视觉接触增加了体验的机会——对于两方面都是如此。

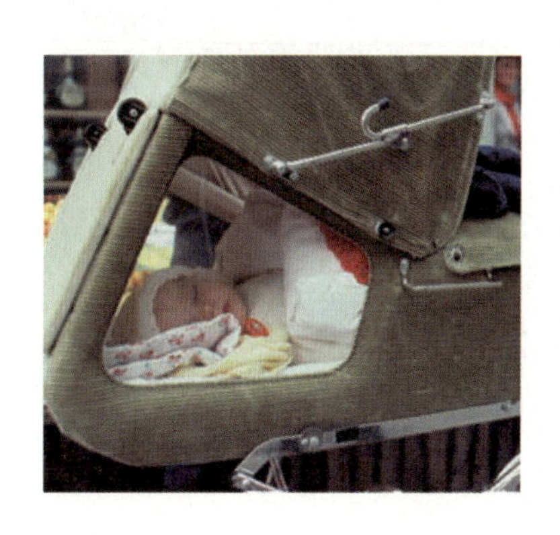

建筑物的望出、望入视线

应该仔细考虑建筑物内外的观看视线，让人们在室内无论坐立都能看到外面的情形。应该提供广泛的视觉体验，同时还应确保私密性。

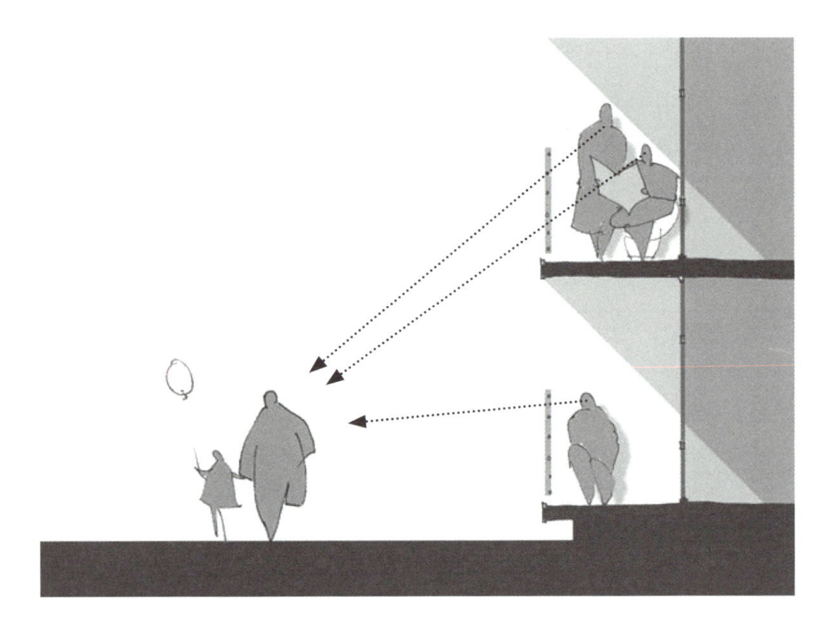

拉尔夫 · 厄斯金的住宅建筑中，阳台栏杆经特殊设计，可以提供很好的向下视野（瑞典斯德哥尔摩，埃克罗）。

在这个住宅建筑群中，设计师仔细规划了视线，确保室内外具有良好的视觉接触［哥本哈根，西贝柳斯园（另见第 102 页）］。

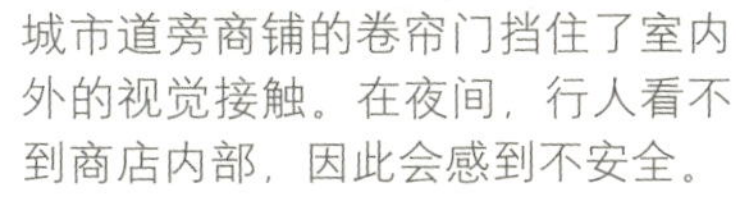

城市道旁商铺的卷帘门挡住了室内外的视觉接触。在夜间，行人看不到商店内部，因此会感到不安全。

上右：英国伦敦主要步行街上建筑的封闭立面，澳大利亚墨尔本的开放立面，政府要求新建区域商铺的首层立面开放。

取缔这种很成问题的封闭式卷帘的办法，通常是出台相关的城市政策，确保商铺首层采取更积极、视觉上更吸引人的设计。墨尔本就是这方面的好例子，它要求在主要街道上的新建筑 60% 的临街立面必须开放并且有吸引力。很多城市对首层立面采用了类似的积极政策，取得了很好的成效。

在住宅建筑中，有很多半透式的帘幕，可以增进视觉接触，同时确保外人不能看到室内。保护私密可以采用帘幕的形式，也可采用景观屏蔽的形式，还可以通过巧妙地设置楼梯、前庭花园和花圃，将外人隔离在合适的距离之外。另外也可以把私宅设计得高一些，与路面之间形成高差，这样就优雅地解决了保护私密性的问题。这种办法既能带来良好的城市生活景观，又能确保外人看不进来。

听和谈

对于城市公共空间的质量来说，能让人倾听和交谈至关重要，但是由于城市中汽车交通的噪声等级不断提高，听与谈被日益推往后台。从前人们认为，在城市空间中能够会面交谈是理所当然的，现在做到这一点越来越难。

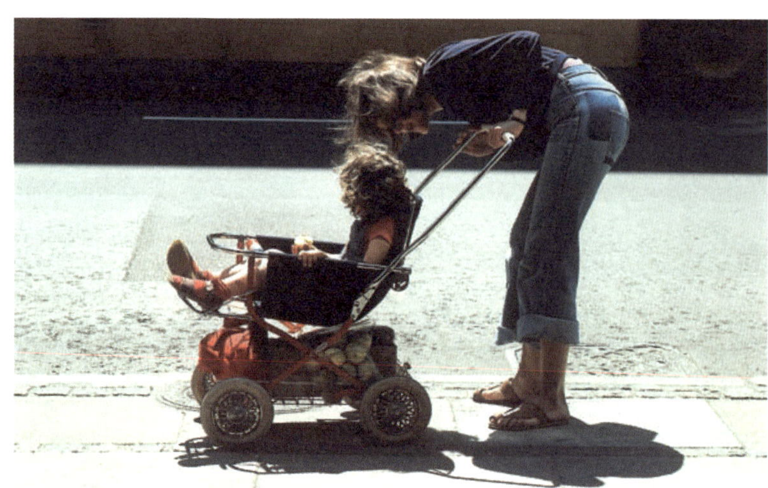

现代城市街道中影响城市质量的一个主要问题，就是噪声等级过高，干扰了正常的交谈。

在威尼斯这样适于步行的城市中，噪声等级通常低于60dB。即使距离很远，交谈都轻而易举。

对比我们在适合步行的威尼斯与交通繁忙的伦敦、东京或曼谷等城市街道中的行走体验，我们就能发现城市街道中的噪声等级发生了多么巨大的变化。这样的行走体验也能告诉我们，在这种改变进程中我们失去了怎样的城市质量。

在威尼斯，一踏出火车站的楼梯，首先感到的就是安静。突然之间，你发现在城市里也能听到交谈、脚步、鸟鸣和音乐。在威尼斯的每一个角落，都可以与别人轻声愉悦地交谈。与此同时，还能听到脚步声、欢笑声、旁人交谈的片段、敞开的窗口传出的歌声，以及城市生活中林林总总其他各种声音。交谈的可能性、周边人们活动的声音，都是至关重要的城市质量指标。

在交通繁忙的城市街道中行走，则是完全不同的另一种体验。建筑立面前，充斥着轿车、摩托车，尤其是公共汽车和卡车的噪声，环境中一直保持着很高的噪声等级，几乎无法与旁人交谈。人与人之间要想说话，就要费劲地大喊，甚至需要对着别人的耳朵喊，交谈距离减至最低，有时候还要看嘴唇动作才能听明白对方说的是什么。这样一来，不仅人与人之间没法形成任何有意义的沟通，而且过高的噪声等级本身也给人带来了持久的压力。

久而久之，这些城市街道中的人们适应了高噪声环境，不再反思为什么会形成这样的局面。打手机的时候，人就会用手指堵住一只耳朵，对着电话大声交谈。

在充斥噪声的城市中，只有公园、步行街和广场等空间才能正常倾听。只有到了这些空间中，才会感到突然之间又能听到人们说话与活动的声音了。街头音乐家和艺人们都挤在步行街里：他们的表演在城里的其他地方根本就没有任何意义。

人们呼吁要降低城市街道中的汽车使用率，或者至少要降低开车的速度，最重要的原因之一就是这样做才能降低噪声等级，让人们之间的沟通重新变得可能。

沟通与噪声等级

要想在正常交谈距离进行各类普通交谈，60 分贝（dB）是背景噪声的上限。

噪声每提高 8dB，都会让人感到噪声等级提升了一倍。换言之，68dB 在人耳中的响亮程度是 60dB 的两倍，76dB 则是 60dB 的四倍。[15] 丹麦皇家艺术学院的建筑学院对布拉诺（威尼斯潟湖区的一个小岛）步行区以及哥本哈根交通繁忙的街道进行了一项比较研究，结果表明在步行城镇与交通繁忙的街道中，人们的沟通与噪声等级之间存在显著关联。[16] 在布拉诺，小街和主街的平均噪声等级分别是 52dB 和 63dB。也就是说，主街的背景噪声约为小街的两倍。两处的噪声等级都相对稳定。

无论在噪声等级为 52dB 的空间中，还是在 63dB 的空间中，都可能进行愉快的交谈，而且通常还可以隔着相当距离交谈。在隔着运河的人们之间、在街上的人与楼上的人之间，交谈都可以相对不受干扰地进行。

而在哥本哈根交通繁忙的街道中，普通交通状况下背景噪声为 72dB，但这个噪声等级变化范围很大，如果公共汽车和大型卡车经过，可能达到 84dB。72dB 的噪声是步行街道背景噪声的 3 ～ 4 倍。街上很少有人交谈，谈话通常只是只言片语，而且还要趁着没有大型车辆驶过街道的空隙时刻赶紧进行。

在城市的很多步行空间中，人类活动产生的噪声等级通常是 60~65dB，其中包括脚步声、交谈声、儿童嬉戏声、建筑立面回声等等。

比较 2004 年伦敦、2007 年悉尼、2008 年纽约进行的城市生

有些城市设施能让交谈变得很困难甚至不可能。另一方面，精心设计安放的城市设施也能创造无穷的交谈机会——想怎么交谈、需要怎么交谈，就能怎么交谈。

活研究，市中心街道的背景噪声等级是 72~75dB。[17]

在上述三个城市中，人们都反映很难进行交谈。伦敦的情况尤其严重，因为街道比较窄，建筑物较高，公共汽车的发动机噪声又特别大，因此在城市的大部分区域内，正常交谈无法进行。

适合于谈话的景观

对于城市空间中的会面来说，城市设施具有很重要的意义。宽而平坦的长凳能让人们并肩坐下，适合那种需要保持“一臂间距”的交谈形式。

城市长凳虽然能够维持私密空间和间距，但对于沟通来说并非特别合适。当然，可以一直扭着头谈话，但是如果一群人要一起坐下，比如一家人带着孩子或者几个朋友想一块聊聊天，那么城市空间里的一排长椅并不是特别有吸引力的选择。将多张长凳组成一个“适于谈话的景观”是好得多的解决方案。

建筑师拉尔夫 · 厄斯金 (1914 ～ 2005 年) 在其所有项目中都系统性地运用了“适于谈话的景观”，他把两张长凳布置呈一定角度，并添加一张面对长凳的小桌，这样人们既可以在此交谈，又能使用小桌。长椅之间的交角具有一定开放性，人们既可以坐到一起，也可以分开坐，这就给交谈创造了机会。

在一些城市空间中，可移动的座椅多年来一直是最吸引人的地方，这里也可以找到类似的“适合谈话的景观”。此观念最早起源于巴黎的公园，现在已经遍及各种新旧城市空间中。

一点儿不奇怪的是，人们在选择交谈场所的时候，那种不带靠背、未经任何舒适化设计的平墩式座椅总是他们的末选位置。

如果一家人想找个地方一起歇脚，却只有这种平墩式座位，那确实是相当恼人的事，更糟糕的是，有时候这种座位还设置在整个空间的正中央，离四周的建筑立面都很远，让人感受十分孤立。

建筑师肯定觉得，这种座位挺适合建筑风格，但是几乎可以肯定，它们对任何类型的会面都毫无促进作用。

音乐人的会面

城市也是音乐人的会面场所，可以交流音乐，可以表演，可以分享其他乐手的天才，无论是带着录音机的小男孩，还是大吹大打巡游城市的救世军乐队或女王卫队。所有这些活动都是城市空间中丰富多彩、至关重要的会面形式。

在这方面，我想坦白一点儿个人情况，谈谈自己愿意分享的一些个人经历。30 多年来，我一直在一个爵士乐队中担任长号手，我们在街道聚会上、狂欢节中、地铁开幕仪式上、宗教音乐会上都有表演。能在各种各样的城市空间里表演，体会音乐对空

数千年来，城市一直是人们会面的场所，并且这也仍将是城市的一项最重要、最受人重视的功能。

间场所的依赖关系，这是很美妙的事。在公园草坪上表演的效果比较让人失望，因为草地吸去了大部分声音，剩下的声音又被风吹到四面八方去了。相反，在广场上，或是在旧城的窄街上，音乐简直像立刻长出了翅膀一样——如果该处的空间尺度符合人类感官，那情形就尤其如此。在这种地方表演就是一场真正的音乐演出！

不同层面上的民主聚会

既然有了“作为会面场所的城市”观念，也要求城市给人们提供民主交流的机会，在城市中，人们能够参与街头聚会、示威、游行和会议，自由表达自己的幸福、悲苦、激情和愤怒。这些表达方式与市民之间大量的日常面对面聚会结合在一起，形成了政治民主的重要前提条件。

1989 年在德国的莱比锡，市民们沉默地走上街头示威，这成为结束冷战的重要事件。1996 年和 1997 年，贝尔格莱德学生每周一都要上街游行，促成了塞尔维亚的重新民主化。1997 ~ 2007 年，母亲们每周四到布宜诺斯艾利斯的五月广场进行沉默示威，抗议阿根廷军政府独裁，她们的作为也表明，在公共空间中勇敢地组织重大集会能为人民争得更美好的未来。

在世界史中，还有无数类似的案例，它们体现了城市空间作为会面场所在各个层面上的重要意义：无论对于安静的交谈，还是对于愤怒的示威，城市空间都不可或缺。

4.5
自我表现、嬉戏和锻炼

新时代 – 新活动

鼓励人们在城市空间中自我表现、嬉戏和锻炼有助于创造健康和有活力的城市，因此是一个非常重要的主题。“健康城市”是一个相对新颖的观念，其中体现了社会的变迁。

作为游戏场的城市

一直以来，儿童的嬉戏就是城市的一个重要组成部分。从前，儿童嬉戏的地方也就是成年人劳动和进行日常活动的地方。

威尼斯城内基本上没有游戏场：城市本身就是一个游戏场。儿童在纪念碑和台阶上攀爬，在运河沿岸嬉戏，要是找不到玩伴，还会把足球踢给过路的行人邀他一起玩。要是足球踢到了一大队人流中，肯定就有一个人会接过球显显脚下功夫，然后再把球踢回去，这样踢来踢去，甚至能玩上几个小时。

现代主义风格的设计原则要求有专门的游戏场：“只许在这儿玩”。随着西方社会劳动分工的日益专门化、制度化，学校和课外活动的设置越来越正式，家长则忙于工作，无暇照顾孩子，所以给儿童设计专门游戏场的做法被普遍采用。

更多的精力和创意活动

大人们在工作时间确实越来越繁忙，但是另一方面，他们的实际空闲时间也越来越多，能够参与到更多的生活场景中。这就促生了参与很多休闲活动和创意活动的需求和活力，其中大多都会在城市公共空间中进行。我们的社会从事着大量创意活动：人们在公共空间中奏乐、唱歌、跳舞、玩耍、锻炼、运动竞技，这是以前年代里不曾有过的。

节日、街头聚会、文艺晚会、无车日、庆祝游行、水边聚会、体育活动都在日益增多，吸引了很多人参与。人们有了精力和时间表现自我。

常年保持好身材

老年市民的数量也在剧增。这个新群体要求城市设施为步行提供便利。他们需要保持身体活跃性，乐于长时间步行，参加越野行走、自行车运动等健身项目。他们的理念是永远保持好身材。

我有：室内生活
我要：新鲜空气和锻炼

对大部分人来说，工作内容、工作空间、上下班交通方式都发生了改变，因此工作的概念完全不同以往。今天大多数工作都是在静止状态下进行，办公室有人工通风，而上下班的交通方式通常是坐汽车或地铁。

在从前，工作大多是体力活，在室外或至少是在敞开的窗前进行，上下班基本靠步行或骑车。两相比较，工作的意义发生了巨变。

无论我们在改进城市规划、鼓励人们步行骑车方面有多么成功，我们还是设置更多的特色线路及其他设施，让更多人能呼吸到新鲜空气，参与身体锻炼。

又新又炫的游戏设施
和/或优质的日常生活

面对以上全新挑战，很多人强烈倾向于关注那些新兴的、特殊的事物。他们给儿童和运动爱好者添置了游戏设备，修建了游戏设施、体育馆、步行道、滑冰道，还有很多挑战体能的体育主题公园。不过正如为步行者和骑自行车修建的各类设施一样，单

好城市中随处都会为嬉戏和自我表现提供机会。简单的设计往往是最有效的。

固定元素、灵活元素和暂时元素

固定元素
城市中的空间、设施和装置能为日常生活提供一个运转自如的功能体系。鼓励人们活动的功能体系是健康城市必不可少的前提条件（意大利锡耶纳，市政广场）。

灵活元素
除了日常功能体系和日常活动之外，还应该设置一些特殊活动，通常是按季节进行，并为这类活动提供推动力和空间（格陵兰岛努克的冰雕节）。

暂时元素
城市中还应该给各类暂时而重要的活动（比如街头音乐、晨操、庆祝游行、节日和烟火表演）提供空间（中国北京）。

单有这些设施还不够，还应该鼓励人们使用。这样就能倡导健康生活理念，给城市生活增色。

但是，让我们暂且把这些了不起的新设施放在一边，回过头来关注本书的主要目标：确保在城市中步行者和骑车者具有较好的环境条件，一年中的每一天、一天中的每个小时都如此。力争创造更适合步行和骑车的城市，显然也意味着在城市各项日常活动中给儿童提供更好的环境条件，给老人提供更多的出行机会，大力鼓励市民进行锻炼。当城市的日常状况更适于人们活动与停留，也就为创意活动和文化活动提供出更多机会。

正是出于同样的原因，城市政策应致力于改善城市日常空间，致力于回应挑战，在日常空间中为儿童、老人、运动爱好者提供更多的活动机会。

固定元素、灵活元素和暂时元素

城市空间面临很多全新的挑战，居民们表现出巨大的创造性和热情，为了给社会新需求创造更好的实现机会，人们也提出了很多新观念，恰恰是这些情况会促使城市规划者为特定年龄的人群和特定活动方式设计专门活动空间。通过修建服务于特定目的的大型公共空间项目，确立并实现了很多好的想法。这样，只要任何人有时间、有兴趣，这些公共设施随时等待他们的光顾。

但与这种“为特定活动设计特定空间”的城市政策不同，我们还可以提出一种基于“固定元素、灵活元素和临时元素”原则的政策。

所谓固定元素，就是指整个城市空间，是城市生活中固定的日常功能体系。灵活元素则是指一年当中发生在城市中的各类特殊活动和事件：夏天港口的游泳和皮划艇活动，冬天的溜冰，圣诞节的集市，每年一度的狂欢节，马戏班在城里的表演，节日庆祝周……所有这类活动都在城市空间中轮番举办进行。最后，还有暂时元素，这是指城市中发生的大量小规模活动和事件：水滨的节庆和焰火表演，广场音乐会，公园内的娱乐节目，仲夏夜篝火等等。规模再小些，还有街头艺术表演、街头戏剧、街头聚会、诗歌朗诵晚会等。

为了创造人性化城市的政策取得成功，城市中的基础结构（也就是固定元素）必须到位。其次，城市空间应该合理规划，鼓励人们参与，这样才能促成城市中的各类活动——包括前面所说的灵活元素和临时元素。

人性化的城市在节庆之外的时间里仍然是了不起的城市。

4.6
好地方，好尺度

请设计出好地方、好尺度

无论规划师在调节气候，设计照明和设施及其他细节时费多少气力，如果对空间的质量、比例和维度未加留意，那么也几乎肯定无法对视平层面城市空间的质量有所提升。人在城市中体验的舒适度和幸福度与尺度紧密相关，城市结构和城市空间应与人体、人类感官及其相应的空间维度、尺度保持和谐。城市中没有好地方和好的人性化尺度，就会缺乏至关重要的质量。

活动想在什么地方进行

好地方的重要性在前文中已有介绍。如果一个地方舒适宜人，鼓励人们在此驻足、坐下，那么人们就会在这里活动、交流和谈话。我参加的爵士乐队发现过一些地方特别适合演奏，另一些地方演奏效果极其糟糕，这就说明城市空间有时具备了很好的空间与声学质量，有时则不具备。

在不同的城市空间中到处游历时，对于我们的场所体验、我们在某一地方行进或停留的意愿来说，空间的关系和大小具有决定性影响。

城市层面上的尺度与场所质量

到访传统城市（比如希腊的伊兹拉岛或者意大利的菲诺港）的人会发现，整个城市都与人体和感官和谐一致。城市的各种维

整个城市都与人性化尺度及感官和谐一致（希腊伊兹拉岛的港口散步道）。

好地方和好尺度（日本山形县银山温泉）。

度正符合我们的感官，大小适中，围绕海湾呈半环形设计。在港口我们就能看到整个城市，能看到完整的城市空间和人们进行的各项活动，许多细节也尽收眼底。这样的体验自然而然，毫不勉强。

城市空间中的尺度与场所质量

有时候，人们仅凭身体感官就能强烈体验到城市空间的和谐之美。走入锡耶纳的市政广场或者罗马的纳沃纳（NavoNa）广场，你会感到：“这就是我想要的地方；我终于到了这里。”1889年，卡米洛·西特写了一篇关于意大利旧城空间质量的著名评论，他指出城市空间的诸维度应与人体及空间为之服务的功能保持和谐，当视线被周边建筑立面阻挡时就应该设计封闭空间。[18] 对于人的舒适度，对于作为人类活动框架的空间功能来说，空间的大小至关重要。

一项对旧城空间比例的研究表明，很多城市都采用了同样的设计模型。宽度为3m、5m、8m、10m的街道能够承受2400 ~ 7800人/小时的步行人流。广场大小通常非常接近40m×80m这个“魔法尺度”，这也意味着走在广场上，人可以将整个广场的景色收入眼底，而且不仅能看到广场本身，还能看清广场上其他人的面容。在度假胜地、游乐园以及购物中心等地也能发现类似的比例，因为这里建筑师在设计空间维度时最在意人们的舒适程度，而且希望每米空间的使用都物有所值。

太大、太冷、太盛气凌人——很多新城市的特点

而在很多新的城市区域里，情况就迥然不同，空间通常尺度过大，缺乏形态组织。空间中的建筑物体量巨大，而且还需要容纳大量的行进和停驶车辆，这些当然可以说明大空间的成因，但作为人们步行和停留的场所，这样的空间就很拙劣了。在这种地方没法进行什么人类活动。每件东西都太大、太冷、太盛气凌人。

分开处理快速空间和慢速空间的尺度

低速空间（5km/h）与高速空间（65km/h）具有完全不同的功能需求，因此应该分开处理，更佳的处理办法是明确定义空间中的各类活动，让低速、小尺度的活动沿建筑立面进行，高速、大尺度的活动则沿机动车道进行。这样一来，在步行优先的街道，就具备了专门设计 5km/h 低速空间的机会，能让人们信步行进，还可以允许低速车辆进入。

分开处理人性化景观和大型建筑

在城市景观中，体量庞大的现代建筑东一处西一处地矗立着，有些建筑位置极其突兀，好像是突然落在人行横道上一样，没有留下任何通行和缓冲的余地；上文已经谈到过这些情况带来的问题。考虑到空间的质量和尺度的分寸，应该采取这样的设计原则：人走在城市中，视平层面看到的空间应该迷人、和谐，而应该尽量把大型建筑叠加在这样迷人的空间的背景中。

规划师成功设计出小尺度空间与相对大尺度空间之间的呼应与互动。住宅区前的船库（丹麦哥本哈根，Sluseholmen）。

“大空间中的小空间”原则通常可以确保在城市的大型空间中具有功能齐备的小空间（危地马拉、西班牙和新加坡城市中的拱廊街、林荫道和货摊）。

大空间中的小空间

为了让大空间与人性化尺度更好地结合起来，还可以采用“在大空间中设计小空间”的原则。很多古旧的城市与城市空间中都有柱廊和拱廊街。行人走在柱廊之中，周边空间显得亲切而界限分明，但同时又能分享大空间的景观与视野。另一种在大空间中设立小空间的做法是林荫小径。巴塞罗那有一条郎布拉街，用亭子和两排成荫的绿树将主要步行空间与城市大空间区别开来。此外，广场上成排的货摊，人行便道旁带遮阳伞和雨篷的咖啡座都能让城市空间看起来更小、更亲切。小设施和护柱也有助于在大空间中创造小空间，典型的例子是锡耶纳市政广场上的成排护柱。

这个咖啡座利用了灌木和阳伞，力图在一个体量过于巨大的城市空间中创造出一个有意义的小空间（奥地利圣珀尔腾）。

中左与中右：如果所有维度上建筑的体量都过于巨大，在建成之后就很难（有时是不可能）让具有重要意义的小尺度空间起到正常的作用（法国里尔，“欧洲里尔”项目）。

在丹麦哥本哈根 Ørestad，可自由移动的座椅弥补了空间中小尺度的缺席。

在已建成的大空间里空投小空间

不幸的是，很多新城市是按照“破除一切尺度”的原则建造起来的。空间太多、太大，而留给人的景观则冰冷、盛气凌人，有时甚至根本不可用。

一旦造成了破坏，要想亡羊补牢通常就极为困难了。建筑已经盖好，大门已经落成，各种城市设施和设备也已到位，经费都已告罄，不到这种时候，似乎就没人会想到建筑中缺少了某些最根本的特质：场所的质量和人性化尺度。在此情况下，就只好把小空间“空投”到大空间里来了，采取的办法可以是凉棚、亭子、局部景观、树木、柱廊、绿植以及一些小设施，这样能部分减弱空间的体量感。设计师要花很多功夫，才能创造出亲切、平易近人的空间，让人乐意在此停留。这样做费钱费力，而且结果往往不尽如人意，如果从一开始设计时就把场所的质量和人性化尺度考虑进来，结果会好得多。

只要猫高兴……

不过，哪怕是大的空间上确实出了问题，通常还是有机会在小尺度上花费气力，创造出好地方。有时候很简单的元素就能带来决定性的变化。有时候，在角落里的树下放一张长椅，就能创造出一个好地方。

我的一个学生告诉我，猫能教人什么是好地方。猫走出家门后，总要停下来仔细检查周边情况，然后才小心地进发到这里最无可争议的“好地方”，带着国王般的尊严蜷起来打盹。

这个故事告诉我们：“在规划城市的时候，一定要留意让猫高兴——只要猫高兴了，人也就一定会高兴。”

小尺度空间中的大车（希腊伊兹拉岛）。

4.7 在视平层面需要好的气候

宏观气候、局部气候和微观气候

在讨论城市空间的舒适度时，很少有比气候更重要的问题了，对于坐下、行走或骑车的人来说，所处区域的实际气候至关重要。在气候方面的工作集中于三个层面上：宏观气候、局部气候和微观气候。宏观气候是指整个地区的整体气候。局部气候是指城市中、建筑环境中的气候状况，通常受到地形、景观、建筑的影响。微观气候则是指在一个局部氛围地带里的气候状况。可以小至一条街、小至城市空间中一张长椅附近的角落。

好天气——一个最重要的标准

好天气（或者至少说，在给定时间地区情况下算得上好的天气）是确保人们在城市中出行方便的最重要标准之一。

在世界各地，天气都是最受欢迎的话题。无论是到了都柏林、卑尔根、奥克兰还是西雅图，都会看到那种画着大雨或浓雾，写着“春夏秋冬”的明信片。这些明信片往往只关注坏天气以及这种天气下的情境。但实际上在大多数地区、大多数日子里，天气情况还是可接受的。人们很容易忘记大多数日子天气都不坏。在好天气里，没人会想起质疑老天，人人都面带微笑。

享受好天气的机会对城市质量至关重要（冰岛雷克雅未克，夏天）。

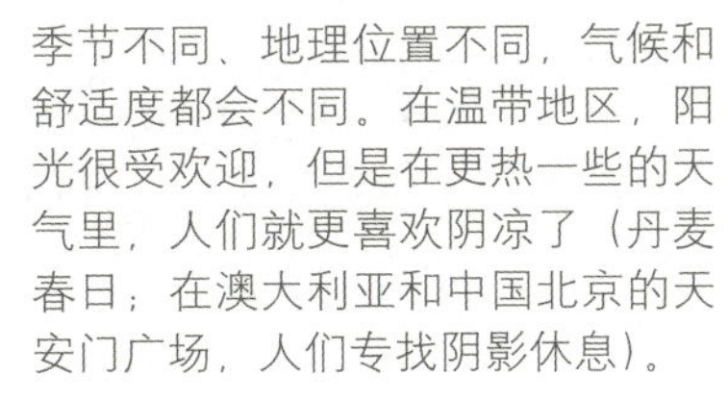

季节不同、地理位置不同，气候和舒适度都会不同。在温带地区，阳光很受欢迎，但是在更热一些的天气里，人们就更喜欢阴凉了（丹麦春日；在澳大利亚和中国北京的天安门广场，人们专找阴影休息）。

在斯堪的纳维亚，在风和日丽的天气里，人们的情绪很高，大家边问候边称赞好天气。气温到底是 −10℃还是 25℃反而并不重要。在北欧，只要阳光明媚、风力不大，就算是好天气了。

这种情况说明，只要有阳光带来的热量，并且没有冷风，那么微观气候很快就能达到舒适范围内，哪怕是冷天，人们也可以在户外停留。在这种天气下，只要避开风，滑雪者就可以在滑雪屋或者山丘的向阳面长时间休息。空气虽然冷，但是我们的皮肤还会感到温度宜人。

舒适范围

几个气候因素共同影响人的舒适感：气温，湿度，风带来的寒冷和阳光带来的热量。此外还有一些个人方面的因素，比如我们的衣着以及个体心理差异，也起一定的作用。在世界各地，人

在多风地区，高大的独栋建筑通常会影响风向和风速，因而引发一些问题（哥伦比亚特区华盛顿市的华盛顿纪念碑背后的风向差异）。

哪怕是在相对无风的日子里，高大建筑物附近也会有大风，给行人带来不快（丹麦哥本哈根高层建筑前的街道）。

体的脂肪层和血液循环系统不尽相同，因此人们保持和散发热量的能力也有所不同。这些区别意味着在不同的地区，让人们感到舒适的气候范围是不同的，虽然差别并不太大。

下文的讨论主要基于欧洲北部和中部的气候条件及相关的文化特征。在北美、亚洲和大洋洲的很多地方也有类似的温带气候条件。

如果日光充足，那么我们无须穿很厚的衣物就能保持舒适。如果阳光较弱，就需要穿毛衣。如果阳光更弱、寒风更大，微观气候就更冷，不过行走、奔跑和骑车还能保持舒适。在斯堪的纳维亚，严冬之后的春天让小孩们三五成群在户外游戏。小孩跳房子、跳绳、打球、滑旱冰或滑板。在阳光充足的角落，他们可以舒服地坐下，不过在空地上要想保暖还必须活动起来。

在高层建筑附近风是一个严重问题

在同一地区，宏观气候、局部气候和微观气候之间也可能有差异。就算开放地带中寒风呼啸，城市空间和公园中的局部气候还是能达到宜人的程度，只要能避风、有阳光就行。

在温带地区，人们很重视保暖避寒，所以对于建筑物之间的气候而言，避风就很关键。

在开放地带，风可以随意肆虐，但是由于地形和景观设施带来的阻力，风速就能略微降低。如果周围树很多，并有大量低矮建筑，地表风速就能进一步减慢。树和低矮建筑通常能给强劲的寒风带来很大阻力，将之驱赶到建筑上方，这样建筑物之间几乎感不到有风。

地表阻力对于减小风力来说有决定性的作用。平坦的地表让疾风自由驰骋。相反，如果地形“凹凸不平”，比如在森林中、在有很多树木和低矮建筑的城市中，那么风速就会急剧下降，寒冷程度也会降低很多。

高大的独栋建筑恰恰起到了反面作用。高层建筑在30~40m的高度吸引疾风，因此高气压与低气压之间的复杂作用能给风加速，高层建筑脚下的风速可以达到周边开放地带风速的四倍。这就是高层建筑的周边气候变得更寒冷，更不适合植物生长——当然也不适合人！[19]

根据气候设计建筑

在建筑层面，根据传统，建筑师通常会认真参照局部气候环境调整设计方案，降低气候对建筑的不良影响，充分利用气候的有利因素。

在日光强烈、气温较高的国家，城市规划通常采用较窄的街道，建筑物墙壁厚实，开口窄小。

气候寒冷的国家则采用了与此不同的策略。在斯堪的纳维亚，太阳的照射角度很低，来自大西洋的暖空气被风带上陆地，成为这个地区庄稼生长、居民安居的重要环境条件。

这个地区中的古老城市适应了较低的太阳角度和多风气候。建筑通常高2～3层，采用斜屋顶，集中修建。街道、广场和花园都设计得很小，建筑之间多植树木，用以遮阳光、挡风雨。

这一建筑模式意味着风被引到城市上空，街道和花园几乎不受风的影响。低矮建筑和斜屋顶让阳光能够照射到建筑之间的区域，热量传到石板和卵石筑成的道路上，因此小型城市空间微观气候要比周围区域好得多。

斯堪的纳维亚旧城中的建筑在局部气候中如鱼得水。冷风被引至屋顶，阳光给墙面和路面带来热量。温暖的环境好像当地以南几百公里的地方一样（丹麦古兹耶姆）。

孤立无依的高层建筑提高了风速，沿地面制造出湍流。建筑之间寒冷多风，需要用篱笆挡住沙土才能免使其被风吹走。视平层面的气候好像当地以北几百公里外的地区一样（瑞典兰斯克鲁纳的高层住宅区）。

在这些城市中，局部气候与1000km以南的地方差不多，植物中包括无花果树、葡萄藤和棕榈树，这些植物在北方的其他区域是长不好的。在传统建筑环境中，一年里可以在户外舒适度过的小时数是本区域整体数据的两倍。[20]

前文已经指出，人们在户外呆更长时间，也就意味着城市更有活力。正是因为设计者周密考虑了局部气候，斯堪的纳维亚旧城才能创造出良好的户外生活条件。

违背气候设计建筑

大部分城市规划工作都没有花费气力确保城市空间具有最佳的自然气候特性，考虑到气候对于城市质量、居民愉悦感与舒适度的决定性作用，这实在是很糟糕的事情。

在很多温带地区，大规模的道路系统、沥青停车场和硬质屋顶材料使本来就很高的气温变得让人无法接受；规划者本可以利用树木、草地、绿色屋顶和渗水铺石路面来降低气温的。另一方面，在寒冷多风的地区，反而修建了一座又一座的高层建筑，提高了风速，降低了建筑周边的气温，让人基本上无法在户外逗留。

威尼斯、阿姆斯特丹和鹿特丹的雨伞

在大西洋与北海沿岸的很多欧洲国家与地区，包括爱尔兰、英格兰、苏格兰、冰岛、挪威西部和丹麦以及英吉利海峡附近的法国、荷兰海岸，气候受到持续吹来的海风影响。欧洲的其他地区则并不如此。

在威尼斯，行人用雨伞挡雨，这里雨通常是垂直落下的。在第二次世界大战之后重建的鹿特丹，市中心满是高层建筑，局部气候也对此作出了反应。这个城市中的雨水经常是水平运动的，因为高层建筑之间产生了强风，从各个方向肆虐着街道。风雨交加的日子里，行人要东一下西一下挥舞雨伞，以免其被吹走。可以说在鹿特丹是人保护雨伞，而不是雨伞保护人。阿姆斯特丹的气候要好得多，全因为这里的城市结构更合理。哪怕是刮风，通常也只是掠过市中心上空，这就极大改善了城市的生活模式。

显然，全球各地的建筑都应该根据本地气候而修建，这样才能避免对城市环境产生负面影响。

更多风、更少阳光？不，谢谢！
例子：旧金山

旧金山的位置在太平洋海岸上，这意味着与内陆城市相比，该市的气温低、风大。出于同样原因，在一年中的很多时间里，这里城市空间中的户外活动能否进行取决于日光和遮蔽条件。如果日光充足、遮蔽条件好，那么旧金山就是一个很适合行走和停留的城市。

在20世纪80年代初，市中心的规划开始大规模兴建高层建筑。如果按照提议修建那么多摩天大楼的话，在主要街道和广场上（比如唐人街）阳光就会受到阻挡，风则会大得多。

加利福尼亚大学伯克利分校的学生和研究者们在Peter Bosselmann教授的指导下开展了一系列研究，结果表明旧金山的城市生活有赖于阳光和遮蔽条件。进行了多个模型试验，结论是新的城市规划方案将在城市的多个核心地区挡住阳光、提高风速。另外有一个纪录片也表现了这个问题，片名借用了马克·吐温的名言："有年夏天，我在旧金山度过了一个最冷的冬季。"[21] 当地展开了对城市质量、气候和摩天大楼的大讨论，最后干脆进行了一次全民公决，问投票人这么一个简单的问题：你愿不愿意城市里阳光少一些，风大一些。不用说，新政策没有得到主流人群的支持，1985 年出台了改版后的新规划方案，明确要求核心城区的新建建筑不得使气候恶化。新建筑要么是低层建筑，要么以阶梯形式逐步抬高，确保阳光能照射到街道上，并且还要进行风洞试验，保证建筑不会造成大风问题。

实际上，自从新规定出台，在旧金山市中心的管制区域中 1985 年以后再也没有修建摩天大楼。这个案例表明，在修建高密度建筑的同时仍然可以确保新建筑周边的良好气候。[22]

在新城市中仔细进行气候规划

无论是对于现存城区，还是对于新开发地带，我们从旧金山案例中获得的这些原则和经验都有助于对新建建筑环境的规划。应该逐一研究相关区域，确定气候因素对城市中的舒适度和户外活动的影响。必须要求新建筑为改善周边城市空间的气候条件作出贡献。

如果城市要鼓励人们步行和骑车，要开发出有活力、有魅力的城市区域，那么建筑之间地段的气候就应该是规划者最重要的研究对象之一。应该要求所有的新建筑仔细进行气候规划。

在最小的尺度上仔细进行气候规划

无论在城市规划和开发区规划过程中已经下了多大功夫进行气候规划，几乎总有可能通过细致调节来进一步改善微观气候——尤其是在那些想要鼓励人们停留的空间周边的微观气候，这类区域对微观气候的需求也尤其迫切。

景观设施、篱笆和栅栏能够在最需要的地方提供遮蔽。此外，全球各地也有大量的创新做法，尤其是在延长户外咖啡座运营旺季方面，更是各显其能。让咖啡座在一天里、一年中都尽可能长时间运营，这里当然有很高的经济价值。

挪威首都奥斯陆地处北部高纬度地区，但那里的咖啡座一年到头基本上都在户外开放，因此值得研究一下其中包含的创新和构思。

咖啡座的区域可以用玻璃墙围住，上面遮以雨篷，热量可以由采暖灯、电气装置或者采暖地板来提供，座椅要仔细选购，保证人坐上去很暖和。为了营造局部微观气候，还可以给客人提供靠枕和毛毯，让他们的后背和双腿感到温暖。哪怕是多风的冷天，人也能在这样的咖啡座里待很长时间。

在所有层面上仔细进行气候规划

无论是在热带、温带还是寒带地区，在气候与自然之间都存在着最密切的关系，因此城市规划者应该极为仔细地处理宏观气候和局部气候。慎重规划气候，能够让所有的规划层面都从中受益；微观气候在城市的人性化维度上创造出必需的环境条件，气候规划对此当然也极有帮助。

如果城市真想鼓励步行和骑车，如果市民也真乐于响应这一鼓励，花时间参与城市生活，那么就应该尽可能优化视平层面上的微观气候。对此尚有很多事情可做。不一定需要大规模投资，但需要准确的需求定位和认真地考虑规划。

20 世纪 60 年代，不会有人相信在斯堪的纳维亚国家也能有户外咖啡座服务。但是今天在这些国家，一年中有 10 ~ 12 个月都有户外咖啡座营业。对天气条件的全新需求和更高重视显著地提升了咖啡座的舒适度，延长了户外开业的应季时间（11 月的哥本哈根，咖啡座提供靠枕和毛毯）。

在冬季，挡风玻璃，雨篷，采暖灯和椅子上的靠枕有助于形成较为宜人的微观气候（挪威奥斯陆，道旁咖啡座）。

4.8 美丽的城市，好的体验

对视觉质量的关注必须涵盖所有城市元素

好的城市需要在视平层面为人们的行走、停留、会面、自我表现提供机会，这也就意味着城市应该具备好的尺度和好的气候。所有这些目标和质量要求的共同之处在于，它们所处理主要是物理意义上、实用意义上的问题。

与此相反，改善城市视觉质量的工作则笼统宽泛得多。这主要处理的是个别元素的设计与细节，以及这些元素之间组合的协调一致。视觉质量牵涉到总体视觉表达、美学、设计学以及建筑学。

在城市空间中，哪怕所有的实用方面的需求都达到了，如果建筑细节、材料和色彩组合凌乱，那么也有可能缺乏视觉上的协调感。

另一方面，也有的规划者根本忽视实用功能，全力关注设计美学。空间美妙，细节设计独具匠心，这本身就是优点，但是如果对城市空间的安全性、气候、停留机会等方面的需求没有得到满足，那么城市规划也仍未达标。

城市空间中的所有重要因素必须交织成一个和谐的整体。

当设计与内容达到统一，效果就非常让人信服（俄勒冈波特兰，先锋法院广场）

意大利锡耶纳的市政广场的设计既重视了功能，又具备很高的空间质量，各方面协调完美，因此700年来，该广场一直被当成最佳的会面场所。

100%的场所

在其名著《城市：重新发现中心》(City：Rediscovering the Center)(1988) 中，William H. Whyte引入了“100%的场所”这一概念。[23]顾名思义，所谓100%的场所，是指城市中某些空间和场所具备了所有重要的质量特征。城市使用者的实用需求与对空间细节和整体性的关注在这里完美地结合在一起：因此，人们最爱在这种地方待着。

锡耶纳的市政广场之所以全球闻名，也许正是因为它难能可贵地具备了各方面的长处。所有的实用功能需求都很好地得到了满足。在这里行走、站立、坐下、倾听、交谈都很安全舒适。而且，所有的元素融合为一个令人信服的建筑整体，比例、材料、色彩和细节无不尽善尽美，为空间中的其他元素增色不少。作为城市空间，市政广场集实用与美观于一身，700年来一直是锡耶纳的主要广场。对人性化维度的关注从不会过时。

充分体验场所的乐趣

在规划城市空间的时候，除了对空间和细节的关注之外，如果强化表现其中的某些特质，通常也能够显著地提升空间质量。比如把城市空间与水面和码头边岸直接联系起来，比如在周边设置公园、鲜花和其他景观设施，比如突出体现局部气候中的有利特点等等，都可以产生新颖迷人的设计效果。

地形和高度差也能为空间增色。与路面层面形成任何高差的空间都能够提升行人的体验。由于有了高度差，全新的景观和空间体验跃然而出。旧金山的街道中就充盈着这类体验，无论多么微小的高度差，都能够给视平层面带来惊喜。

澳大利亚墨尔本市的一项艺术政策，就是要把整个城市空间变成一个当代艺术画廊。不仅包括长期展览，城市景观中，特别是车道上，也加入了很多装置艺术品以及临时艺术展示。

在城市的整体艺术政策中艺术照明设计是一个重要元素（澳大利亚墨尔本）。

远近的迷人景观也能够提升城市空间质量。能够看到湖泊、大海、近旁的风景或是远处的高山对于城市空间质量都有帮助。

所有感官的审美质量

对视觉效果和审美元素的精心设计还具有潜在意义。当人们在城市中步行时，美丽的空间，独具匠心的细节，质地纯正的材料形成了可贵的体验，不仅自身具有很高价值，而且还间接提升了城市在其他方面上的质量。

毫无疑问，经过精心设计，广场和街道也特别适合给市民带来视觉体验。空间的设计和细节起了很重要的作用，如果与其他感官一起协作（比如采用涓细的流水、雾气、蒸汽、熏香或者特殊声效），就能扩展和增强美感。这样一来，空间的魅力不仅仅源自城市生活本身，而且也来自各种感官印象的巧妙汇集。

城市空间中的艺术

在历史上，艺术曾以各种各样的形式为城市空间增色，如纪念碑、雕塑、喷泉、建筑细部和装饰中都有艺术的贡献。艺术能够传达美感，铭记历史，追忆重大事件，表达对社会生活、城市居民和城市生活的评价，并且还能体现出惊奇和幽默感。今天，城市空间仍然一如既往地在这方面具有重要作用，充当着艺术与民众之间的交互界面。

近年来，墨尔本将艺术政策与城市空间政策结合起来，其市中心的规划设计形成了一个振奋人心的范例。规划的目标是让墨尔本市的公共空间成为一个多元化的当代艺术画廊，艺术品经过精心选择、精心摆放，市民们只要在城市中，就能够见到当代各个艺术门类的作品。艺术政策主要包括三个方面，确保选中的艺术品具有前沿性，能够提供丰富的艺术体验。这三个方面是长期展示、临时作品及装置艺术，以及通过艺术中心向居民深入介绍艺术。墨尔本市特别强调儿童在其中的参与互动机会，提出“了解你在城市里看到的东西”的口号。

对装置艺术和临时作品的展示增加了体验的魅力，常产生出人意料的惊喜。在城市的很多窄巷和拱廊街，不同的艺术家们用强烈、富于想象力和幽默感的艺术形式装饰空间，而且每隔若干月就会更换一次。在其他的路线上则由其他艺术家负责。总有新东西可看，而且也给场所、城市及整个当代生活带来了很多新奇幽默的评论。

美丽城市——绿色城市

在城市空间中的各种元素中，树木、景观设施和鲜花扮演着重要的角色。在夏日炎炎的天气里，树木能提供阴凉，降低气温，净化空气，并且还能够明确划分城市空间，凸显重要场所。广场

美丽的城市是绿色的城市。澳大利亚墨尔本市中心每年都要新栽500棵树（墨尔本斯万斯顿大街，1995年和2010年）。

上的一棵大树好像是在说："这里是重要的地方"。林荫道旁的树木栽成直线，而街道两旁的树木伸展着枝杈，标明了城市中的绿色空间。

除了直接的美学效果之外，城市中的绿色元素还具有象征价值。绿色元素的存在体现了城市的休闲感、内省感、美感、可持续发展观以及自然的多样性。

过去很多年，人们都在砍伐城市树木，要么是为交通让路，要么就是因为生长条件太差、污染太严重，树木很难成活；但是最近，城市中的绿色元素出现了复兴迹象。栽种了很多新树，开辟了很多新的城市绿地，目的是改善城市生活条件，鼓励骑车出行。墨尔本提出的城市复兴政策要求，自 1995 年起每年新栽 500 棵道旁树；纽约市 2008 年颁布的计划则要在全市的公共空间中新栽一百万棵树。[24] 纽约市提出了建设可持续发展的绿色都市方针，植树引入的大量绿色元素为此作出了非常重要的贡献。

美丽的城市在夜间也美丽

在夜间，城市空间中的照明具有重要的导向、保安作用，并能提升城市的视觉质量。

世界各地采用了各自不同的照明策略。美国的很多城市走到了一个极端，完全废弃了街灯照明，原因是汽车照明足以点亮夜晚。不用说，这些地方经常黑得像坟墓，太阳下山后人们也找不到什么可看的景物了。

至于确实采用照明的地方，照明规划的原则也很不相同。很多城市的做法偏重实用性和功能性。在城市建设和扩建的不同阶段，照明规划原则也总在变化，这样城市中的灯具种类、灯光色彩都有很多不同类型，夜幕降临，城市中的灯火通常是零乱混杂、毫无章法的。

也有一些城市的照明策略非常明确，城市规划者认可照明对城市质量的巨大影响，同时也认为照明本身还有成为专门的艺术表达形式的潜力。

墨尔本市有一个称为"灯光是艺术"的整体艺术规划，照明自然是其中的一部分。

法国的里昂也是这方面的一个典范，该城市精心制定了艺术照明政策，不仅考虑了灯光的布局，而且也非常注重灯光颜色。

从城市空间的角度看，在城市夜景设计问题上也有很多创新。一个好例子是奥地利圣珀尔腾的市政厅广场（1995~1997 年），其中采用了间接反射式照明，可以根据一年中的不同季节和广场上进行的活动改变灯光布局。

很多城市的照明设计都经过精心的艺术处理。1990 年以来，里昂的艺术照明具有先锋意义（法国里昂，共和国大道）。

水、雾、蒸汽、材质、色彩、表面、光线和声音，这些元素相互组合，形成了城市空间中魅力无穷、变化多端的感官印象。

最后，但并非最不重要的是……

本书第7章中列出了一个包含12个关键词的清单，其中总结了评判步行景观中城市质量的准则。其中第12条是“好的感官体验”。之所以把这一条放在最后，是因为“视觉质量”是一个广泛的概念，能够涵盖城市景观中的所有元素。此外这也是为了表明，即便视觉质量高，也并不能确保整体城市质量高，要想在视平层面创造出好的城市，需要同时满足全部12条准则。

要想城市功能完备且能让人参与享受城市生活，那么无论如何就应该彻底满足物理方面、实用方面以及心理方面的所有准则，然后从视觉质量入手，以便在各个层面上为城市增色。

之所以要如此强调，是因为很多项目在视觉质量方面都做得不错，但其问题在于忽视了其他更实用的质量。

在世界各地，都有一些城市区域和城市空间，规划者单方面强调了视觉质量和审美因素。也许建筑杂志会报道这样的城市规划项目和城市空间，但是在现实情况中，这样的城市空间通常运转不灵，甚至根本不能运转，因为公共空间中一些关键的人性化、生活化因素被规划者忽略了。

所有的质量准则都应该深思熟虑——而且每次做规划都应该如此。

4.9
适合骑车的城市

骑车人作为城市生活的一部分

骑车也属于徒步交通的一种形式，不过是一种较为特殊、较为快速的形式；而从感官体验、生活与运动体验而言，骑车更是整体城市生活的一部分。自然，为了实现建设富有生机、安全健康、可持续发展的城市的目标，自行车交通应受到欢迎。

在下文中，我们将在相对狭窄的范围内讨论“规划适合骑车的城市”这个话题，并将之与城市规划中的人性化维度问题直接联系起来。

很多城市都可以骑车，但很少有城市非常适合骑车

全世界有很多城市不适合自行车及自行车交通。有些地方气候寒冷，路面容易结冰，有些地方则太热。还有些地方地形陡峭多山，也不适合骑车。在这些地方发展自行车交通显然是不现实的。不过，像旧金山这样一个多山的城市，你会觉得骑车也很困难。但是这个城市却有一个很强大、很投入的骑车文化。在一些最冷、最热的城市，自行车也很受欢迎，因为归根到底，这些地方全年还是有一些日子适合骑车的。

事实上，世界上有很多城市无论从结构上、地形上还是气候上说，都适合自行车交通。但是多年以来，很多这样的城市还是把交通政策的宝押在了汽车上，因而自行车交通在那里变得很危险，甚至完全不可行。有些地方汽车过于密集，骑自行车根本连想都不要想。

在很多城市里，发展自行车交通只是政客的一句空谈，修建的自行车道基础设施通常就是一些分布零散的小道，根本不是诚心诚意要把自行车交通搞起来的样子。所谓鼓励骑车也是口惠而心不实。在这些城市里，每天的自行车交通比例只占一两个百分点，骑自行车的大多是年轻人或运动员，车型多为赛车。这与全方位投入自行车交通的城市相比差距太大，例如在哥本哈根，上下班或上下学的交通量中有37%是骑车进行的。哥本哈根的骑车旅程更平稳，自行车更舒适，骑车人里女性居多，而且包括所有年龄段的居民，从学童到老人都有。

在当代，化石能源、污染以及气候与健康问题已日益成为全球性的挑战，因此给自行车交通更高的优先级似乎是一个必要的

穿行城市的骑车人也是城市生活的一部分。而且他们的身份还可以在“骑车人”与“行人”之间轻易转换。

措施。我们需要城市更适合骑车，而且在很多城市要想提升自行车交通其实是很简单、廉价的。

一个全心全意支持骑车的政策

近几十年来，一些城市已经成功推广了自行车交通，它们在发展适合骑车的城市方面有很多好的想法、好的规定，值得其他地区效仿。哥本哈根就是这样一个引人注目的例子：该市一直就有自行车交通的传统，在20世纪50～60年代，汽车的发展曾一度使这一传统受到威胁。但是，20世纪70年代的石油危机成了一个契机，该市趁此时机鼓励市民更多采用自行车出行。人们接受了这一提议：现在，城市交通中的很大一部分是自行车交通，这使得哥本哈根的交通拥堵程度比起西欧其他大城市来低得多。下文正是以哥本哈根的经验作为讨论基础，考察适合骑车城市的方方面面。

从门到门的自行车路网

在哥本哈根，有一个逐步建设起来的自行车道路网覆盖整个城市。在小道和住宅区街道上，交通并不繁忙，本身就设置了时速15km/h和30km/h的区域，所以无须设立特别的自行车道，但是所有的主要街道都有自行车道。在多数街道上，自行车道沿人行便道设立，通常用路缘石来与人行便道、停车道、机动车道隔开。有些地方自行车道也不是通过路缘石划分的，而是在汽车停车区域用油漆标记，这样停驶的汽车就把自行车道与机动车道隔开，起到了保护作用。事实上这个做法被称为“哥本哈根式自行车道”。

自行车交通应该自动整合到整体交通战略中。如果能够让自行车上火车、地铁、出租车，那么自行车的覆盖距离就会很远（以丹麦哥本哈根为例）。

城市自行车交通系统的另外一个部分是所谓的绿色自行车路线，也就是城市公园中或者废弃的铁道边设置的自行车专行线。这些路线专门用于自行车通行，可以补充其他自行车路网的不足，能提供观看风景的机会，而且还是一种骑车出行的绿色方式。但是，城市的整体自行车交通政策的主体原则是要在普通街道上给自行车留足空间，骑车人可以直达商铺、住宅和办公室。因此自行车交通规划原则，就是让骑车人可以在整个城市安全地行驶，方便地完成“从门到门”的行程。

为了给这个综合性自行车路网留出空间，城市大幅度压缩了汽车交通。由于交通模式从汽车交通转换为自行车交通，自行车需要更多空间，所以逐步削减了停车空间和汽车道。城市中的大部分四车道街道改造成了两条汽车道、两条自行车道、两条人行便道，中间还有一条宽阔的隔离带，使得行人过马路更加安全。道旁栽植了很多树木，街道像以往一样都是双向行驶。

自行车道沿人行便道设置，与机动车道同向，通常处于机动车道的右侧，也就是慢车道旁边。这样，所有参与交通的人都会或多或少地意识到自行车行驶的位置，因此自行车交通成为各种交通方式中最安全的一种。

自行车作为整体交通战略的一部分

鼓励骑车出行，也必然意味着自行车交通已经整合进了整体交通战略。可以把自行车带上火车、地铁和公共汽车，这样就能既骑车，又搭乘公共交通。在必要时，出租车也必须能放置自行车。

整体交通政策中的另一个重要环节是，让自行车能够安全地停放在车站和交通枢纽处。此外，在街道沿线，在学校、办公室、住宅区都有很好的自行车停放处。新建的办公楼和工业建筑应该提供自行车停车处，而且设计者也会自然地为骑车人设置更衣室和淋浴间。

请设计安全的自行车路网

对于整体的自行车交通战略而言，交通安全是至关重要的因素。建设起一个连贯的自行车道网络，由路缘石和停驶的汽车提供保护，这是重要的第一步。另一个核心问题，就是在十字路口要在心理上和实际上都确保骑车人的安全。哥本哈根为此作出了几条对策。在大型十字路口，用蓝色沥青设置了专门的自行车道，并加有自行车标志，这样就能提醒汽车司机当心自行车。十字路口上还有专门为自行车设置的信号灯，在允许汽车通行之前 6 秒钟就会给自行车亮绿灯。卡车和公共汽车要加装专门的自行车镜。此外媒体也要经常督促汽车司机留意自行车，特别是在十字路口处。

骑车人增多，事故的风险和实际事故的数量就会大幅度下降。当街道上有很多人骑车时，汽车司机就会更留意自行车交通。

右图：数据表明在 1996 ~ 2008 年，自行车数量增多，事故数量下降（丹麦哥本哈根）。[25]

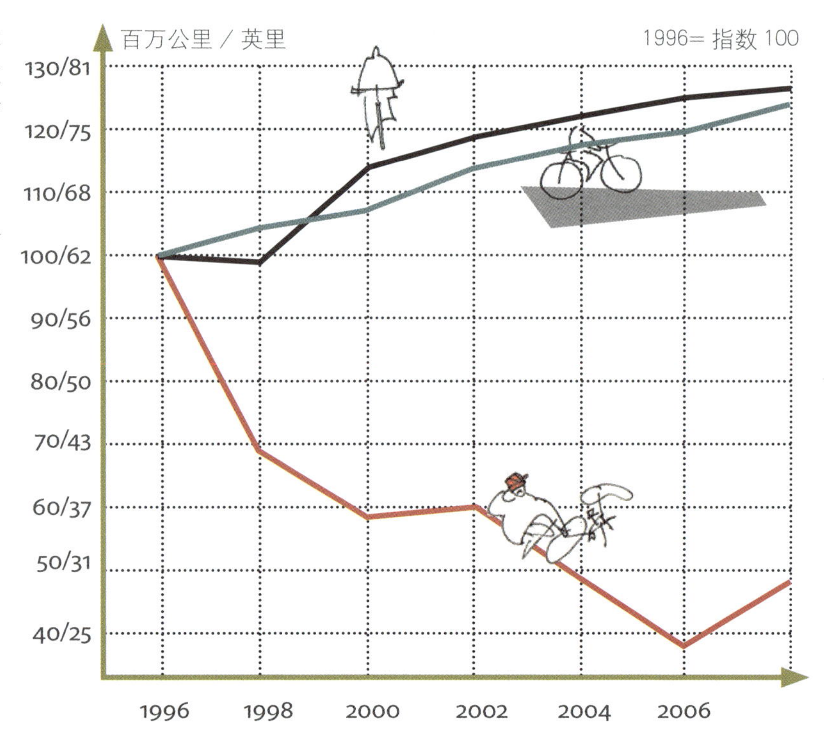

骑车里程（每个工作日汽车的里程，以百万公里计）

自行车道和绿色路线的公里数

严重受伤的骑车人数

适合骑车的城市还要在十字路口处提供良好的可见性。因此，在丹麦汽车不允许停在十字路口 10m 以内。

美国城市里允许汽车在十字路口红灯时右转，这对于鼓励市民步行和骑车的城市来说是不可想象的。

数字体现的安全性——也体现在实际的自行车交通中

自行车交通的流量对于提高自行车行驶系统的安全性至关重要。自行车越多，汽车司机就要留意骑车人。所以当自行车流量达到了一个合理的“临界量”，就能获得很大的积极效果。

舒适的路网

此外，自行车路网的舒适度和愉快度也值得一提。骑车出行可以很愉快、很有趣，不因无谓小事生气，当然也可能很无聊，很吃力。我们对于适合步行的场所设立的很多标准都适用于自行车路线。

要给自行车留足空间，让自行车不致拥挤堵塞。哥本哈根的自行车道宽度为 1.7 ~ 4m，而推荐的最小宽度是 2.5m。

在一个受欢迎的多元化交通系统中，随着自行车交通的逐步发展，街道上会出现越来越多的新型、宽型自行车。有运送小孩和货物用的三轮车，有残疾人自行车，还有出租自行车。所有这些类型的车辆都需要空间，而且老人和骑车带小孩的家

最近哥本哈根的主要自行车道路经过了拓宽，以防止日益增长的拥堵现象（丹麦哥本哈根）。

长也需要确保他们不会受到拥挤。自行车交通越是发展就越需要空间。虽然自行车不断对空间提出了新需求，但它仍然是最佳的轮上交通方式，因为在城市街道中，自行车交通的每人空间占用率是最低的。

2005 年哥本哈根进行的一项研究表明，自行车道上的拥堵已成为该市一个非常紧迫的问题。其后市议会同意加宽城市最主要的街道上的自行车道，并且正在逐步实施这一政策。[26]

对于骑车行程来说，如果路线总是被打断，那么就非常让人恼火，而且也破坏了行驶的节奏。多年以来，哥本哈根为了解决这一问题引入了多种方案。自行车道经常可以越过路旁的小街，无须中断，这样就减少了骑车行程被打断的情况，也让汽车司机知道他们必须等候自行车通过。在一些特定的街道，为了减少停顿，还专为自行车设置了“绿浪”路线。所谓绿浪是指，在高峰时间，如果自行车以 20km/h 速度来往于城市中，那么红绿灯的设置能够让骑车人基本上无须等候。这个待遇一度是汽车才能享受到的。在哥本哈根，为了舒适度和安全性，自行车能享受的另外一种待遇是除雪。自行车道永远比汽车道先除雪，这样就体现了自行车交通的优先级，鼓励人们在所有季节都骑车出行。

自行车城市和城市自行车

近年来，很多城市都引入了城市自行车系统，人们可以方便地在很多中转站借用、归还自行车。这个做法可以让在城市中短途出行的人方便地使用自行车，个人不必购买、存放、修理自己的自行车，而是加入到这个自行车共享系统中。

20 世纪 70 年代，阿姆斯特丹推行了一种“白色自行车共享体系”，不过很快又消失了。直到 20 世纪 90 年代，才在哥本哈根等城市建立起了更稳定、组织更良好的自行车共享系统。今天，哥本哈根的共享系统中有 2000 辆车，110 个自行车中转站。自行车是免费的，由广告收入来赞助运营。使用者在中转站投币取车，把车归还到指定的车架上后，硬币会归还给使用者。哥本哈根的城市自行车主要使用者是游客，他们能在城里方便安全地骑车旅行，享受发达自行车路网的便利之处。哥本哈根市民很少借车使用，因为他们更爱用自己的车。简言之，哥本哈根的城市自行车共享系统的设立原则就是，鼓励经验不足的骑车人在相对安全的行车环境中骑车出行。

很多欧洲城市现在也都引入了城市自行车系统，有些城市（如巴黎）的使用模式与哥本哈根大为不同。在巴黎，城市自行车系

宽度合理的自行车道，路缘石的保护功能，道路交会处的自行车路口，提前汽车绿灯 6 秒钟的自行车信号灯，以及确保自行车可以在整个城市内不停顿行驶的“绿浪”观念，所有这些元素构成了哥本哈根非常成功的自行车政策的组成部分。
下雪时，自行车道在汽车道之前被清扫干净。

统被称为维利布计划(the Vélib program)，使用者主要是巴黎市民。骑车人可以按小时、按周或者按年租用自行车，无须过问自行车的存放和维修。租车公司向骑车人收费，并负责处理存车、修车事宜。

2008 年巴黎的维利布系统扩展到了 2000 辆自行车，1500 个停车架。很短的时间内，维利布系统就发展成一个受人欢迎的服务项目，主要用于短途出行，平均花费时间是 18 分钟。这个系统的设立原则是，让很多有些经验的骑车人熟悉当地的骑车环境，而巴黎的自行车道网络既不发达，也不太安全。虽然出过一些事故，但是维利布系统也产生了很有价值的效果：巴黎的骑车人越来越多了，有些是租车，有些是骑自己的车。骑

提供自行车以便市民租用的做法迅速传播（法国里昂）。

自己的自行车出行的数量一年内翻了一番，这个增长显然是维利布自行车系统的促成的。在2008年，骑维利布自行车出行的数量是巴黎全部自行车交通量的1/3，自行车交通则占巴黎整体交通量的2%~3%。[27]

受到巴黎发展的启发，很多城市现在也在发展城市自行车系统，其中一些城市既没有自行车道的基础设施，此前也没有形成自行车文化。人们似乎认为，只要提供便于使用的自行车，就能够逐步发展城市的自行车交通，其理由是，首先让人们尝到城市自行车的甜头，然后就可以逐步发展舒适、安全的自行车路网了。但是，在自行车交通和路网没有达到临界量的地方，城市自行车很难持续发展，因此有理由当心，在这种城市里把经验不足的骑车人送上自行车未必是好事。应该重视自行车交通安全，吸取适合骑车城市的先进经验，而不是盲目开展廉价自行车推广运动。城市自行车是创建、巩固自行车文化整体工作的一部分，而不应把它当成一支先遣队。

通向一种全新的自行车文化

近年来，在很多城市，尤其是斯堪的纳维亚、德国和荷兰的城市中，自行车交通得到了长足发展。骑车人和自行车交通量逐步增长，自行车出行也越来越实用、安全。要想在城里打个来回，骑车成为首选方式。这些城市里，最早的骑车人是一小撮不怕死的运动爱好者，现在则有各个年龄段、各个社会阶层的人逐步欣然加入，包括议员、市长、退休人员以及学童。

在这个过程中，自行车交通的特点也发生了巨变。自行车多了，骑车人还包括老人、孩子，因此骑车速度也就降了下来，对所有人来说都更加安全。从前骑车人骑赛车，穿戴是环法大赛式的装备，而现在人们多骑家用自行车，穿普通衣服。骑车从一种体育运动，一种对生存技能的考验，变成了一个适合所有人巡游城市的实用交通手段。

自行车文化发生了巨大转变，从前骑车有点像大回转滑雪，骑车人在汽车和各种交通设施之间快速穿行，而现在的车流则遵守法纪，小孩、年轻人和老年人一起在界限清晰的自行车路网中行驶，这让整个社会都感到，对于其他交通方式来说，自行车交通是一种切实可行的替代方案。这种文化转变也让自行车更加贴近行人，贴近城市生活，这就是这本讲述城市生活的书中自然要介绍自行车交通的原因。

从汽车文化到自行车文化

城市规划者乐于加强自行车文化建设，乐于证明自行车交通几乎对于所有人都是可选的出行方式，在制定这些政策时，他们体现出了可贵的创造精神。学校开展了大规模的自行车训练，企事业机构为了提高员工骑车比例而相互竞争，此外，城市当局还开展了各种信息宣传、骑车周和无汽车日活动。

很多城市为了推广自行车文化，在星期天都会设立自行车专行街。选择星期天这个日子有两个特别好的理由：这个时候汽车交通量有限，而且市民也更有空闲时间出来锻炼、体验。在中美洲和南美洲，多年来一直采用了类似的做法，定期管制街道上的汽车交通，把街道临时变成自行车专用道。哥伦比亚的波哥大市大规模开展的“骑车生活”（Ciclovia）计划，在这类措施中是最为著名、运作最好的。

在纽约市，2007 ~ 2009 年新建了300km 自行车道。同时开展了一个综合计划，力图向纽约市民推介骑车观念。在夏天的几个月里，设置了禁止汽车通行的“夏日街道”，这样居民就可以体验到舒适地步行和骑车的乐趣（曼哈顿公园大道，2009 年夏天）。

有很多城市，多年来的规划方针是以汽车交通为主导的，但进入 21 世纪之后，越来越多的这类城市也开始强化自行车交通建设。

澳大利亚的一些大城市（如墨尔本和悉尼）推行了很具雄心的战略，大力发展自行车路网。这些城市中的规划人员辛勤工作，开设了很多新的自行车道，并将很多现有的自行车道转化成安全的“哥本哈根式自行车道”，这样自行车可以在成排停驶的汽车后方行驶。纽约市的城市规划者也正在设计一个全新的交通规划，力争让纽约市成为全球最具可持续发展实力的大都市。

纽约市内建筑密集，地形平坦，街道宽阔，很适合从汽车交通转化为自行车交通。在全市的五个行政区（曼哈顿区、布朗克斯区、皇后区、布鲁克林区和斯塔滕岛区）中，规划了总长 3000km 的自行车道网络。自行车道的建设始于 2007 年，在 2007~2008 年期间，已完成规划工程量的 1/4，自行车交通量显著增长。2008 年，纽约市开始在星期天管制很多街道上的汽车交通，这一措施称为“夏日街道”计划，有助于发展全新的自行车文化。

今后，出于对可持续发展、气候变化和市民健康的考虑，越来越多的城市会像纽约市一样，全力建设城市生活和运动的新文化。对于全球城市都在奋力解决的很多问题而言，发展自行车交通是一个很明确的答案。

自行车在发展中国家

在很多发展中国家中，自行车交通早已在整体交通体系中起着核心作用。但是在这些地区，骑车行驶的条件不佳，危险性很高。人们迫于生计不得不骑车，为了工作谋生，自行车提供的机动性常常成为他们不可缺少的条件。

在很多城市中，自行车和人力三轮车是人货运输的主力。孟加拉首都达卡有 1200 万市民，40 万人力三轮车形成了廉价的

在很多发展中国家，自行车对于交通运输来说都起着重要作用。

交通方式，而且给将近 100 万人口提供了菲薄而不可或缺的收入来源。

自行车交通与城市发展的关系——阻碍还是机会？

但是不幸的是，很多已经发展出大规模自行车交通的城市现在正改弦更张，削减自行车交通，为汽车交通腾出空间。

例如，在达卡，人力出租车被视为阻碍城市继续发展的一个问题。在印度尼西亚和越南的很多城市，自行车也正在被小型摩托车取代。一二十年前，很多中国大城市还以其自行车数量众多闻名，而今天在很多城市中自行车近乎绝迹，因为交通政策向汽车倾斜，甚至根本就禁止自行车行驶。

在这一类型的城市中，城市政策应该给自行车交通更高的优先级，这样才能充分利用街道空间，降低能源消耗和污染，给无力购买汽车的广大民众提供方便出行的机会。而且与其他形式的交通投入相比，自行车道基础设施的成本也远为低廉。

作为可持续性发展战略的自行车政策

在全球各国，城市政策都发展出新的方向、新的侧重点。幸运的是，在很多发展中国家的城市中（比如墨西哥城、哥伦比亚的波哥大等地），新的城市政策都包含了对自行车交通的扶持侧重，我们将在第 6 章中介绍这些情况。

第5章

生活、空间、建筑——依此次序规划

巴西利亚综合症——从上面、外面规划城市

从上空鸟瞰，巴西利亚城市的轮廓分明，像一只巨鹰，政府建筑在鹰头，两翼则庇护着各类住宅建筑和机构建筑。

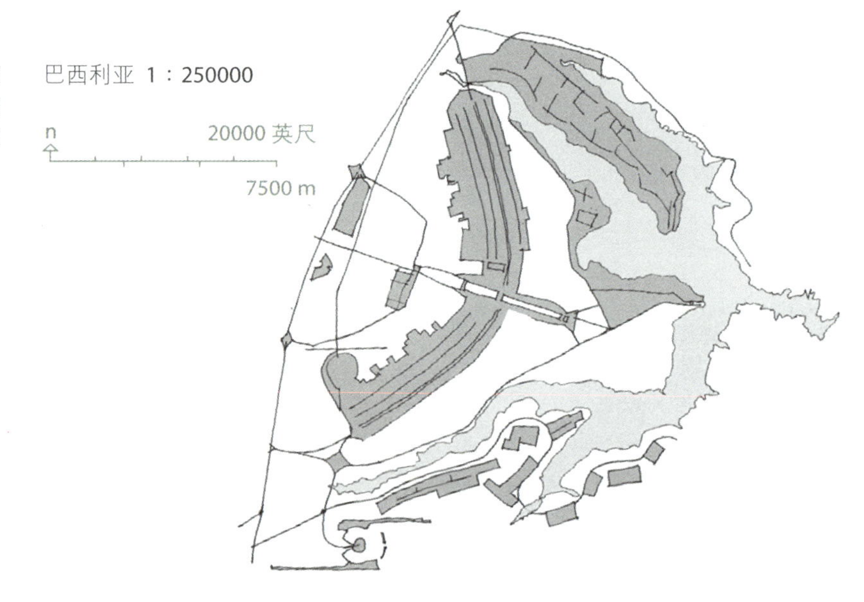

政府办公区设计线条精确，建筑高大，周边有宽阔的绿色区域，最后是议会大厦。景观让人印象深刻——当然，这是要从合适的远距离观看。

在人性化景观方面，巴西利亚是一个可悲的失败。城市空间过于巨大，对人完全不友好，道路又长、又直、又无趣，在城市各处，停放的汽车挡住了行人去路，让人无法体验步行乐趣。

5.1 巴西利亚综合症

人性化景观：规划人性化的城市的秘诀

前面的一章介绍了视平层面城市规划的一些基本需求，在这个层面规划也就意味着要采取最小的城市规划尺度：人性化景观。

之所以大量推荐采用小尺度，是因为城市规划者通常对此全然漠视。另外一个原因在于，只有在小尺度上进行规划，才能够确保人性化维度上的良好城市质量。

这些原因雄辩地说明了，为什么对小尺度的考虑是城市发展规划工作中一个不可或缺的部分。但是要达到这一目标，就必须扭转思维定式，彻底改变通常的工作方法。

城市尺度、场地规划尺度和人性化尺度

简单地讲，城市设计和城市规划涉及若干不同的尺度层面。

首先有大尺度层面上的规划，是对整体城市布局的规划，其中包括不同区划、功能以及交通设施的设置。这也就是我们从远距离或者航拍角度看到的城市。

其次是中等尺度，也就是开发尺度，这方面的规划描述的是城市的各个部分或区划的设计，以及建筑与城市空间的组织原则。这是从低飞的直升机视角看到的城市规划。

最后，但绝非最次要的，是小尺度也就是人性化景观的规划。这也就是使用城市空间的市民们到的那个视平层面的城市。人们感兴趣的不是城市的大尺度线条，也不是壮观的建筑布局，而是人们在行走、停留时直观到的人性化景观质量。这里处理的是5km/h的“低速建筑学”。

好的城市规划需要在三个尺度上共同协调工作

在实践中，这三个不同层面的工作其实属于三个非常不同的学科，每个学科都有自己的游戏法则和质量准则。在理想情况下，这三个尺度层面应该被融合为一个有机整体，为城市中的人们提供友好的生活空间。

这也要求把城市作为整体来处理，天际线、建筑布局、空间比例等等要与视平层面的空间序列、建筑细部和城市设施结合在一起设计规划。

从上面、外面规划城市

在很多情况下，上述理想实践的方法与根植于现代主义理念的城市规划时间恰恰相反，后者关注的更多是建筑，而非整体城市空间。

本页照片上有一个业主（也就是市长）和一群自豪的建筑师正在俯身观看新开发区的模型，这张照片充分体现出了当前城市规划的主要方法和根本问题。人们从一个距模型较远的鸟瞰视角审视整个开发项目。从这么高的位置看下去，开发区模型中的各类元素，包括建筑、体块、道路都可以随意移动，直到布局完美，一切到位为止——但其实只是从上面、外面看觉得“到位”而已。

从直升机视角看城市。那么谁又对城市生活负责？

从上面、外面的角度规划城市及开发区，通常意味着规划师只关注了前两个尺度——城市尺度和开发尺度——的需求。

在城市尺度和场地尺度上的规划，确实要作出很多重大决定。在这两个尺度上，有很多信息和很多具体的建筑项目可供参考。这两个层面也是经济利益最集中的地方，而且还有很多高度专业化的规划人员能够依靠深厚的经验处理相关问题。

到了人性化尺度上，情况就大为不同了，因为这一尺度处理起来更困难、更难于着手。经验和信息都很稀缺，可供参考的建筑项目也不多。而且在人性化景观方面，并不像前两个尺度层面那样涉及明显的经济利益。

如果规划中的优先次序是“建筑、空间、生活”的话，城市生活就没有机会被关注了

在很多情况下，从上面、外面开始城市规划是有很好的理由的。规划的优先次序通常这样安排：首先是城市的大轮廓，其次是建筑，最后是建筑之间的空间。但是，几十年来的城市规划经验告诉我们，这样的方法对人性化景观而言不奏效，不能鼓励人们使用城市空间。恰恰相反，几乎所有的案例都表明，如果规划决策是在顶级尺度上制定的，如果对城市生活的关注仅仅涉及“大场面”规划漏掉的那些东西，那么“确保城市生活的优良条件”这一目标就肯定无法达成。不幸的是，在大多数新建城市与开发区中，人性化维度就这样被糟糕地忽略掉了。

巴西利亚综合症——只对前两个尺度进行规划

巴西首都巴西利亚是现代主义城市规划最突出的规划案例之一。此项目基于 Lúcio da Costa 获得设计竞赛优胜的方案，于1956 年开始规划和开发。巴西利亚于 1960 年正式成为巴西首都，目前有超过 300 万常住居民。这个新城规划的案例给我们提供了一个很好的机会，它是那种只关注城市尺度与开发尺度的规划观念的代表作，我们可以借此评估这类规划的种种后果。

从空中鸟瞰，巴西利亚的布局很美，城市的轮廓像一只巨鹰，

政府行政区在鹰头，两翼则是住宅区。从直升机视角看，这个布局仍然富有情趣，政府建筑是鲜明的白色，大规模的住宅建筑体块则排列在大型广场与绿地周边。至此一切都好。

但是到了视平层面（也就是规划师忽视的层面）上，这个城市就是一个灾难。城市空间太大，缺乏形态组织，街道太宽，人行便道和小路则太长、太直。大块草坪上，有很多被人踩出来的十字形小路，这是居民们用脚投票，对这个僵硬死板的城市规划进行了直接宣判。如果你不是从客机上、直升机上或者轿车上经过这个城市——巴西利亚的大多数居民都并不如此——那么这里就没有什么让人感兴趣的地方。

所谓巴西利亚综合症，就是指城市规划只关注前两个层面上的尺度，而忽略了最小的人性化尺度，而不幸的是，这个做法反而被当成一个规划原则广泛传播。

在世界各地（比如中国和亚洲其他的高速发展地区）的住宅区开发中，巴西利亚综合症经常会爆发。而在欧洲，很多新建城区和开发区也染上了此病，尤以在大城市的周边区域为盛，比如哥本哈根外围的 ørestad 就是如此。

迪拜近年来修建了大量封闭式高层建筑，是这一规划思路在大型城区开发的又一实例；规划师仅仅关注大尺度上的壮观建筑效果，不及其他。从视平层面看去，城市中没有什么生趣。

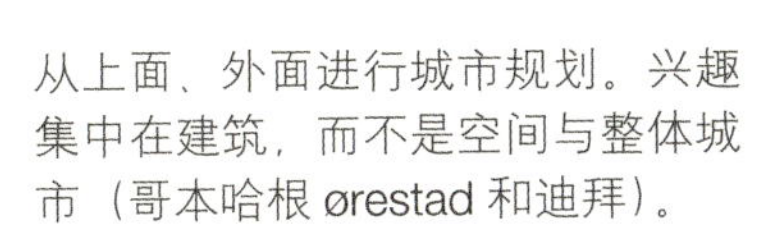

从上面、外面进行城市规划。兴趣集中在建筑，而不是空间与整体城市（哥本哈根 ørestad 和迪拜）。

5.2 生活、空间、建筑——依此次序规划

从生活出发，将建筑放在规划后期考虑的必要性

如果城市和建筑希望人们前来停留，那么就需要以新方式始终如一地处理人性化尺度。对于城市规划学科而言，在这个尺度上工作是最困难、最敏感的工作。如果这方面的工作被忽视了或者失败了，那么城市生活就失去了发展的机会。广为流传的从上面和外面进行规划的做法应该完全废止，取而代之的是提倡从下面和里面开始规划，遵循以下原则：首先是生活，其次是空间，最后才是建筑。

生活、空间、建筑，请以此次序进行规划

流行的规划流程给建筑最高优先权，其次是空间，最后（如果可能的话）稍微考虑一点生活；与此相反，基于人性化维度的城市规划应该首先关注生活和空间，其次才是建筑。

简言之，这一方法要做一些预备工作，确定待开发区域今后的生活特征与范围。基于预期的步行和骑车线路，进行城市空间与结构的规划。而在城市空间和连接线布局确定之后，规划师就可以安排建筑的位置，确保生活、空间和建筑处在最佳的共存格局之中。从这个步骤之后，规划工作就扩展到大型开发区域层面上，但是它依然一直植根于人性化尺度的功能需求中。

遵循上述“生活、空间、建筑”的次序，就给规划师提供了很好的机会，让他们从规划的早期阶段开始就能够总结对建筑的需求，确保其功能和设计能够支持并丰富城市空间与城市生活。

为了设计出伟大的人性化城市，只有一条成功之道，那就是以城市生活和城市空间为出发点。这是最重要——也最困难的方法，而且除非是到了规划过程的后期，否则绝不能脱离这个道路。如果规划要有个次序的话，那么肯定是要始于视平层面，止于鸟瞰视角。当然，十全十美的做法是以整体的、全面的、令人信服的态度同时关注所有的三种尺度。

基于城市生活和城市空间的传统城市规划

“生活 – 空间 – 建筑”的次序并非什么新发明；把这个次序反过来，采用现代主义观念和现代绘图板作规划，这才是新东西。现代主义只兴盛了 60 年或 70 年，恰恰也就是在这段时间内，人性化维度被严重忽略了。

城市发展史告诉我们，最古老的那些定居地是怎么沿着小道、车轨和市集发展起来的。

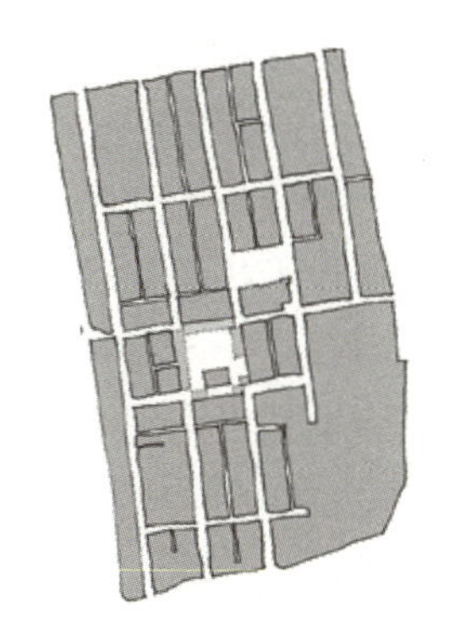

蒙帕济耶 1：10000

法国南部的蒙帕济耶（1283 年建成）的城市平面是由城门、广场和街道构成的。线条分明的拱门划分了广场空间，形成了广场与主要街道之间的过渡。

行商们沿着最热闹的小道搭起帐篷和货摊，把商品卖给过路人。久而久之，更持久的建筑取代了帐篷货摊，逐步形成了有住宅、街道和广场的城镇。可以说，最早的那种小道和市集是城市发展的起点，在很多现代城市里，还能找到它们的踪迹。古老的、有机形成的城市告诉我们城市是怎么从视平层面的人性化景观发展出今天这样复杂的结构的。

无论是在古人建设新城时（比如希腊和罗马人的定居地），还是中世纪规划城镇时（比如法国南部的蒙帕济耶，建于1283 年），遵循的都是“生活、空间、建筑”的规划原则。此后的城市规划仍然受到这一原则的影响。在文艺复兴和巴洛克时期的城市中，城市空间是规划的主要出发点，北美和南美的殖民地城市也同样如此，具有代表性的例子是两个美国城市：宾夕法尼亚州的费城

实践中的“生活、空间、建筑”原则：南澳大利亚阿德莱德的城市规划图于 1837 年完成，其中强调了城市空间和公园的位置，而建筑只是在其后修建的。

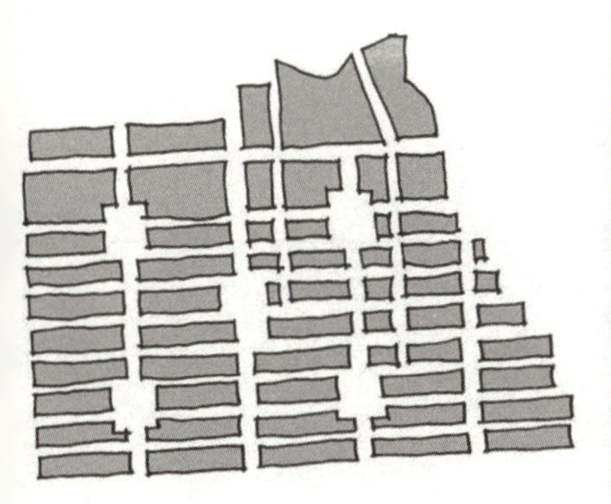

阿德莱德 1：50000

n
4000 英尺
1500 m

(1681 年)，佐治亚州的萨凡纳 (1733 年)。南澳大利亚的阿德莱德是另一个以城市空间作为规划出发点的殖民地城市。根据 1837 年 William Light 上校开始制订的规划，阿德莱德由网格状的街道网络构成，五个中心广场镶嵌其中，而整个城市则被大片的绿草地所环绕。只是到了后来，才沿街道和广场修建起了一座座建筑。即使到了很晚的时代，比如贝尔拉格规划阿姆斯特丹市中心开发的时候 (1917 年)，城市的公共空间仍然是城市规划的出发点。

由此可见，整个城市发展史中都可以找到对"生活、空间、建筑"规划理念的遵循，只是到了现代主义时期，建筑才取代生活和空间，成为规划关注的中心问题。

生活、空间、建筑——一个永恒的概念

在很长一段时间里，巴西利亚综合症肆虐于整个城市规划领域，幸运的是，在这个阶段里也有一些孤立的案例幸免于此，一些城区和开发区的规划考虑到了全部三种尺度，达到了匠心独具、值得效法的整体化效果。建筑师拉尔夫 · 厄斯金一直将小尺度和大尺度结合考虑，他的作品体现很多由此产生的优点：例如他在瑞典 Tibro (1956 ~ 1959 年)、Landskrona (1970 年)、Sandiviken (1973 ~ 1978 年) 等地以及英国泰恩河上的纽卡斯尔 (1973 ~ 1978 年) 的开发项目。与此类似，1979 年后，新城市主义运动致力于推行审慎结合小尺度进行规划的开发原则。佛罗里达南部的海滨度假区的开发就体现了这些原则，虽然那里的生活只是现代城市多元化生活方式的一个非常小的部分。正如其他许多具有同样出发点的开发项目一样，这个项目也过于孤立，该区域的人口密度也太低，不足以达到令人信服的效果。

在斯德哥尔摩南部新区斯卡尔普内克 (Skarpnäck) 的规划中 (1981 ~ 1986 年)，城市空间规划是首要元素。首先布置好大门，林荫道，广场，街道和公园，然后再让建筑师沿规划好的城市空间设计房屋。

右图：设计师 Klas Tham 画出的城市规划总平面原图。

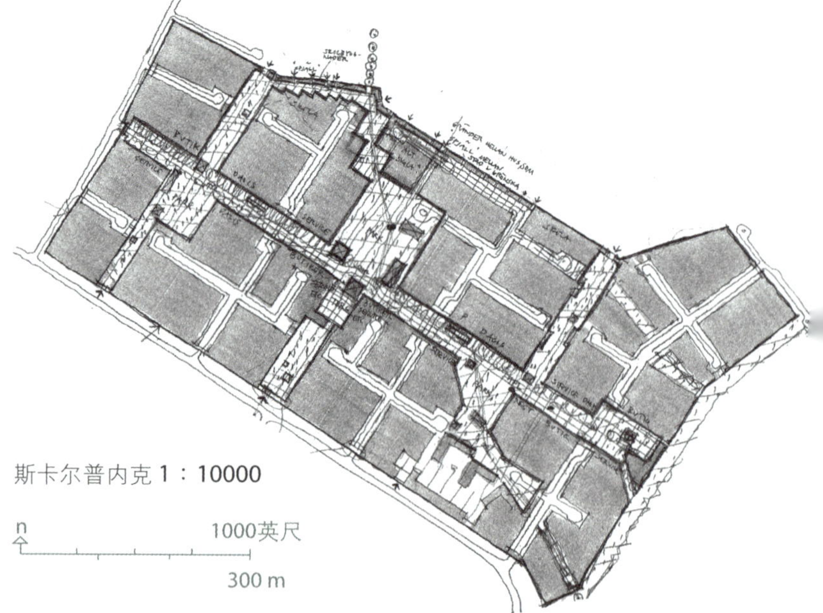

斯卡尔普内克 1：10000

n

1000英尺

300 m

City of Wellington 2004). Gehl Architects, *Downtown Seattle Public Space & Public Life* (Seattle: International Sustainability Institute 2009). Gehl Architects, *Public Spaces, Public Life. Sydney 2007* (Sydney: City of Sydney 2007). Gehl Architects, *Stockholmsförsöket och stadslivet i Stockholms innerstad* (Stockholm: City of Stockholm 2006). Gehl Architects, *Public Spaces, Public Life. Perth 2009* (Perth: City of Perth 2009). New York City, Department of Transportation (DOT), *World Class Streets* (New York: DOT 2009). Gehl Architects, *Towards a Fine City for People. Public Spaces and Public Life - London 2004* (London: Transport for London 2004). City of Melbourne and Gehl Architects, *Places for People. Melbourne 2004* (City of Melbourne 2004). Jan Gehl, Lars Gemzøe, Sia Kirknæs, Britt Sternhagen (2006) ibid.

3. Several of the projects can be downloaded at www.gehlarchitects.dk.

4. Jan Gehl and Lars Gemzøe (2004) ibid. : 62.

第6章

1. *The endless city : The Urban Age Project by the London School of Economics and Deutsche Bank's Alfred Herrhausen Society*, ed. Ricky Burdett and Deyan Sudjic (London: Phaidon 2007): 9.

2. Population Division of Economic and Social Affairs, United Nations Secretariat, "The World of Six Billion", United Nations 1999, p. 8. www.un.org/esa/population/publications/sixbillion/sixbilpart1.pdf.

3. Ibid.

4. ed. Ricky Burdett and Deyan Sudjic (London: Phaidon 2007) ibid.

5. Mahabubul Bari and Debra Efroymson, *Dhaka Urban transport project's. After project report: a critical review* (Dhaka: Roads for People, WBB Trust, April 2006). Mahabubul Bari and Debra Efroymson, *Improving Dhaka's Traffic Situation: Lessons from Mirpur Road* (Dhaka: Roads for People February 2005).

6. Enrique Peñalosa, "A dramatic Change towards a People City - the Bogota Story", keynote adress presented at the conference *Walk 21 - V Cities For People*, June 9–11 2004, Copenhagen, Denmark.

7. Barbara Sourthworth, "Urban Design in Action: the City of Cape Town's Dignified Places Programme - Implementation of New Public Spaces towards Integration and Urban Regeneration in South Africa", *Urban Design International*, no. 8 (2002): 119-133.

8. Unpublished interview with Ralph Erskine as part of the documentary: Lars Oxfeldt Mortensen, *Cities for People*, a nordic coproduction DR, SR, NRK, RUV, YLE 2000.

参考文献

Alexander, Christopher. *A Pattern Language: towns, buildings, constructions*. New York: Oxford University Press, 1977.

Bari, Mahabubul and Efroymson, Debra. *Dhaka Urban transport project's. After project report: a critical review*. Roads for People, WBB Trust, April 2006. Bari, Mahabubul and Efroymson, Debra. *Improving Dhaka's traffic situation: lessons from Mirpur Road*. Dhaka: Roads for People, February, 2005.

Bobić, Miloš. *Between the edges. Street Building transition as urbanity interface*. Bussum, the Netherlands: Troth Publisher Bussum, 2004.

Bosselmann, Peter. *The coldest winter I ever spent. The fight for sunlight in San Francisco*, (documentary), producer: Peter Bosselmann, 1997.

Bosselmann, Peter. *Representation of places. - Reality and realism in city design*. Berkeley, CA: University of California Press, 1998.

Bosselmann, Peter et al. *Sun,* wind, *and comfort. A study of open spaces and sidewalks in four downtown areas*. Environmental Simulation Laboratory, Institute of Urban and Regional Development, College of Environmental Design, University of California, Berkeley, 1984.

Peter Bosselmann. *Urban transformation*. Washington DC: Island Press, 2008.

Britton, Eric and Associates. *Vélib. City bike strategies. A new mobility advisory brief*. Paris: Eric Britton and Associates, November, 2007.

Centers for Disease Control and Prevention: www.cdc.gov/Features/ChildhoodObesity (21.01.2009).

City of Copenhagen. *Bicycle account 2006*. Copenhagen: City of Copenhagen, 2006.

City of Copenhagen. *Copenhagen city of cyclists - Bicycle account 2008*. Copenhagen: City of Copenhagen, 2009.

City of Melbourne and Gehl Architects. *Places for people*. Melbourne: City of Melbourne, 2004.

The City of New York and Mayor Michael R. Bloomberg. *Plan NYC. A greener, greater New York*. New York: The City of New York and Mayor Michael R. Bloomberg, 2007.

Le Corbusier. *Propos d'urbanisme*. Paris: Éditions Bouveillier et Cie., 1946. In English: Le Corbusier, Clive Entwistle, *Concerning town planning*. New Haven: Yale University Press, 1948.

van Deurs, Camilla Damm. "Med udkig fra altanen: livet i boligbebyggelsernes uderum anno 2005." *Arkitekten,* no. 7 (2006): 73-80.

van Deurs, Camilla Damm and Lars Gemzøe. "Gader med og uden biler." *Byplan*, no. 2 (2005): 46-57.

van Deurs, Camilla Richter-Friis. *uderum udeliv*. Copenhagen: The Royal Danis Academy of Fine Arts School of Architecture Publishers (2010).

Dreyfuss, Henry Associates and A. R. Tilley. *The measure of man and woman. Human factors in design*. revised edition. New York: John Wiley & Sons, 2002.

The endless city: The Urban Age Project. by the London School of Economics and Deutsche Bank's Alfred Herrhausen Society, ed. Ricky Burdett and Deyan Sudjic. London: Phaidon, 2007.

Environmental engineering, ed. Joseph A. Salvato, Nelson L. Nemerow, and Franklin J. Agardy, Hoboken. New Jersey: John Wiley and Sons, 2003.

Fruin, John J. *Designing for pedestrians. A level of service concept*. Department of Transportation, Planning and Engineering, Polytechnic Institute of Brooklyn, 1970.

Gehl Architects: www.gehlarchitects.dk.

Gehl Architects. *City to waterfront - Wellington October 2004. Public spaces and public life study*. Wellington: City of Wellington, 2004.

Gehl Architects. *Downtown Seattle public space & public life*. Seattle: International Sustainabilty Institute, 2009.

Gehl Architects. *Perth 2009. Public spaces & public life*. Perth: City of Perth, 2009.

Gehl Architects. *Public spaces and public life. City of Adelaide 2002*. Adelaide: City of Adelaide, 2002.

Gehl Architects. *Public spaces, public life. Sydney 2007*. Sydney: City of Sydney, 2007.

Gehl Architects. *Stockholmsförsöket och stadslivet i Stockholms innerstad*. Stockholm: Stockholm Stad, 2006.

Gehl Architects. *Towards a fine city for people. Public spaces and public life - London 2004*. London: Transport for London, 2004.

Gehl, Jan. "Close encounters with buildings." *Urban Design international*, no. 1, (2006): 29-47. First published in Danish: Gehl, Jan, L. J. Kaefer, S. Reigstad. "Nærkontakt med huse." *Arkitekten,* no. 9, (2004): 6-21.

Gehl, Jan. *Life Between Buildings*. (1971), Washington DC: Island Press, 2010.

Gehl, Jan. "Mennesker til fods." *Arkitekten,* no. 20 (1968): 429-446.

Gehl, Jan Gehl. *Public Spaces and public life in central Stockholm*. Stockholm: City of Stockholm, 1990.

Gehl, Jan. "Public spaces for a changing public life." *Topos: European Landscape Magazine*, no. 61, (2007): 16-22.

Gehl, Jan. "Soft edges in residential streets." *Scandinavian Housing and Planning Research* 3, (1986): 89-102.

Gehl, Jan et al. "Studier i Burano." special ed. *Arkitekten,* no. 18, (1978).

Gehl, Jan. *The interface between public and private territories in residential areas*. Melbourne: Department of Architecture and Building, University of Melbourne, 1977.

Gehl, Jan, K. Bergdahl, and Aa. Steensen. "Byliv 1986. Bylivet i Københavns indre by brugsmønstre og udviklingsmønstre 1968 - 1986." *Arkitekten*, special print, Copenhagen: 1987.

Gehl, Jan, Aa. Bundgaard, and E. Skoven. "Bløde kanter. Hvor bygning og byrum mødes." *Arkitekten,* no. 21, (1982): 421-438.

Gehl, Jan, L. Gemzøe, S. Kirknæs, and B. Sternhagen. *New city life*. Copenhagen: The Danish Architectural Press, 2006.

Gehl, Jan and L. Gemzøe. *Public spaces public life Copenhagen*. Copenhagen: Danish Architectural Press and The Royal Danish Academy of Fine Arts School of Architecture Publishers (1996), 3rd ed., 2004.

Grönlund, Bo. "Sammenhænge mellem arkitektur og kriminalitet." *Arkitektur der forandrer*, ed. Niels Bjørn, Copenhagen: Gads Forlag, 2008: 64-79.

Hall, Edward T. *The silent language* (1959). New York: Anchor Books/Doubleday, 1990.

Hall, Edward T. *The hidden dimension*. Garden City, New York: Doubleday, 1966.

Jacobs, Jane. *The death and life of great American cities*. New York: Random House, 1961.

Larrington, Carolyne, tr. *The poetic edda*. Oxford: Oxford University Press, 1996.

Chanam, Lee and Anne Vernez Moudon. "Neighbourhood design and physical activity." *Building Research & Information* 36(5), Routledge, London (2008): 395-411.

Mayor of London, Transport for London. *Central London. Congestion Charging. Impacts monitoring. Sixth Annual Report, July 2008*. London: Transport for London, 2008.

Mortensen, Lars O. *Livet mellem husene/Life Between buildings*, documentary, nordic coproduction DR, SR, NRK, RUV, YLE, 2000.

Newman, Peter and T. Beatley. *Recilient cities. Responding to peak oil and climate change*. Washington DC: Island Press, 2009.

Newman, Peter and Jeffrey Kenworthy. *Sustainability and Cities – Overcoming Automobile Dependency*. Washington: Island Press, 1999.

New York City Department of Transportation. *World class streets: remaking New York City's public realm*. New York: New York City Department of Transportation, 2008.

Newman, Oscar. *Defensible space. Crime prevention through urban design*. New York: Macmillan, 1972.

Peñalosa, Enrique. "A dramatic change towards a people city - the Bogota story.", keynote adress presented at the conference *Walk 21 - V Cities for people*, June 9-11, 2004, Copenhagen, Denmark.

Population Division of Economic and Social Affairs. United Nations Secretariat: "The World of Six Billion", United Nations (1999) www.un.org/esa/population/publications/sixbillion/sixbilpart1.pdf.

Rosenfeld, Inger Skjervold. "Klima og boligområder." *Landskap*, Vol. 57, no. 2, (1976): 28-31.

Sitte, Camillo. *The art of building cities*. Westport, Conneticut: Hyperion Press, reprint 1979 of 1945 version. First published in German: Camillo Sitte. *Der Städtebau – künstlerischen Grundsätzen*. Wien: Verlag von Carl Graeser, 1889.

Statistics Denmark, 2009 numbers, statistikbanken.dk.

Sourthworth, Barbara. "Urban design in action: the city of Cape Town's dignified places programme - implementation of new public spaces towards integration and urban regeneration in South Africa." *Urban Design International* 8, (2002): 119-133.

Varming, Michael. *Motorveje i landskabet*. Hørsholm: Statens Byggeforsknings Institut, SBi, byplanlægning, 12, 1970.

Whyte, William H. *City: Rediscovering the center*. New York: Doubleday, 1988.

Whyte, William H. *The Social Life of Small Urban Spaces*. Film produced by The Municipal Art Society of New York, 1990.

Whyte, William H. quoted from web site of Project for Public Spaces: pps.org/info/placemakingtools/placemakers/wwhyte (08.02.2010).

World Health Organization. *World Health Statistics 2009*. France: World Health Organization, 2009.

Ærø, Thorkild and G. Christensen. *Forebyggelse af kriminalitet i boligområder*. Hørsholm: Statens Byggeforsknings Institut, 2003.

插图与图片

插图

Le Corbusier, p. 4
Camilla Richter-Friis van Deurs, remaining illustrations

照片

Tore Brantenberg, p. 64 middle, p. 131 above
Adam Brendstrup, p. 110 middle
Byarkitektur, Århus Kommune, p. 16 above left
Birgit Cold, p. 32 middle
City of Malmø, p. 201 above right
City of Melbourne, p. 178 above middle, above right, below left and right, p. 179, below left.
City of Sydney, p. 98 above right.
Department of Transportation, New York City, p. 11 below, left and right, p. 190
Hans H. Johansen, p. 208 middle
Troels Heien, p. 10 middle
Neil Hrushowy, p. 8 middle
Brynjólfur Jónsson, p. 51 below
HafenCity, chapter 5 start.
Heather Josten, p. 208 below
Peter Schulz Jørgensen, p. 28 above left
Jesper Kirknæs, p. 212-213.
Gösta Knudsen, p. 16 above right
Paul Moen, p. 69 below right
Kian Ang Onn, p. 54 above right
Naja Rosing-Asvid, p. 160 middle
Paul Patterson, p. 98 above right
Project for Public Spaces, p. 17 below
Solvejg Reigstad, p. 154 below, p. 166 below
Jens Rørbech, p. 12 above left, p. 22 above left
Ole Smith, p. 100 above left
Shaw and Shaw, p. 15 below left and right
Barbara Southworth, p. 225, p. 226 above right
Michael Varming, p. 206 above left
Bjarne Vinterberg, p. 92 above

Jan Gehl and **Gehl Architects**, remaining photos

Bo01 1：10000

瑞典马尔默在 2001 年承办了国家住宅设计展 Bo01，这片居住区就是为此而建的。在邀请各位建筑师在制订地段设计单体建筑之前，规划者首先对城市空间、视野以及气候条件作出了周密布置。结果是建成了一个运转极为高效的城市区域。

拉尔夫·厄斯金早年在瑞典的项目启发了人们的灵感，有两个有意思的新项目就是受他影响而完成的，它们体现出了“生活、空间、建筑”这一规划原则的无穷潜力。

斯卡尔普内克是 1981 ～ 1986 年在斯德哥尔摩南部兴建的一片新城区。整个区域有大约 1 万名居民。周边地区几十年来的规划方针无非是在既有交通路网的间隙处布置单体建筑物，而这个新城的规划则坚决地从这种做法中突破出来。这个项目的规划体现出了对新建城区中公共空间的范围、位置、维度的重视，而且对于未来在此修建的建筑也提出了一套方针，从适应整体规划方案出发，规定了新建筑布局和设计的要点。

瑞典马尔默的 Bo01 项目（2001 年）也基于类似的原则进行了规划。规划方案由 Klas Tham 教授完成，从斯卡尔普内克以及厄斯金的若干其他项目中吸取了经验。Bo01 在精心规划城市空间方面堪称典范，规划尤其注重空间序列的比例，大型建筑为低矮建筑提供遮蔽，因而也兼顾了气候保护。项目的开发由多个建筑师和承建商共同完成，确保了这里建筑的多样性。

荷兰阿姆斯特丹附近的新城 Almere（1976 ~ 1986 年）采用了宽度较窄的建筑，楼宇之间纵向整合，人气很旺的首层用于底商，上面各层则都用于居住。

在德国南部弗赖堡的新城区 VauBan（1993 ~ 2006 年），采用了有远见的绿色城市规划原则，居住区的街道“柔性边界”设计是其中的一个特色。

南非开普敦附近逐步新建了一些开发区，用以取代原有的临时住房。“生活、空间、建筑”就是这些项目遵循的重要原则。

加拿大温哥华水边街景，前景是低矮的街边建筑，高而窄的高层公寓则退居其上。

完工后的住宅区优点众多，与众不同，不仅受到当地居民的欢迎，而且整个马尔默城里和周边地区的人们都喜欢来这里。之所以如此，是因为Bo01对旅游场所、水边空间和本地户外空间做了细致的划分。每个功能都有独立的空间。

这些瑞典开发项目证明，规划者通过仔细关注三种不同尺度，能够从整体角度进行人性化景观开发以及城市规划。

高层建筑下的精美城市：范例，加拿大温哥华

近年来，温哥华也以相应的方式通过整合的过程对城市中的多元尺度进行了处理。在城市的沿岸地区进行了大规模的新建开发，其主要需求有二：既要达到较高的建筑密度，又要保证新建城区的街道空间质量。为了同时满足面积要求和视平层面的空间质量，规划者设计出分两个层次的开发形式。低层部分为2～4层，形成一个沿城市街道的建筑线条修建的“平台”。在这个平台之上，修建密度较高的摩天大楼，退居街道建筑线条的后方，这样就不会影响到步行区景观。摩天楼形体较为苗条，避免挡住后面建筑的水景视野，同时也不会给下方街道带来大风或过多地遮住阳光。总体上看，温哥华平台式的开发方法在同一开发过程中结合了大尺度和小尺度，因而很有新意。如何既在视平层面创造美妙的城市，同时又达到较高建筑密度，这成了人们近来热议和构想的主题，温哥华的新建筑对此贡献良多。

视平层面上的好城市——建筑学院的一个新课题

在规划过程中，如何将对高建筑密度的需求和对人性化景观的关注结合起来，目前全球都已经有不少项目给我们提供了范例。为了建设有活力、安全、可持续发展的健康城市，就必须在各方面之间取得平衡。一些问题能通过细致的城市规划和场地规划工

温哥华格兰维尔岛：将一切付诸实践

格兰维尔岛 1：10000

n 1000英尺 300 m

20 世纪 70 年代，温哥华格兰维尔岛上的一个半废弃的工业区要改造为一个新的城市公园与街区，规划的指导原则是强调其多功能性。在仍未停工的工厂企业旁边，建起了学校、剧场、商铺和住宅项目。格兰维尔岛的规划几乎将本书讨论的所有原则都付诸实践，这在全球城市中也是不多见的。

1. 原有的工业区采用了多种交通方式，目前仍是如此。
2. 集市大厅。
3. 一条规划原则是，建筑的首层必须活跃、透明。
4. 另一条设计原则是保持原有工业区的特点。建筑、城市设施以及标志牌都反映出了该地区的工业化历史。

1

2

3

4

作解决，但是建筑设计的作用也至关重要，因为它是单体建筑工程的起点，直接决定了视平层面的空间质量。

如何确保城市在视平层面上达到高质量，这对建筑设计来说是一项重要挑战，而在当前的实践中人们对它的关注还远远不够。并非很久以前，建筑设计确实非常关注过街道平面的空间细节设计。当建筑与城市空间交会时，那时的建筑师会采取一个很小、很重细节的尺度进行设计。设计者给予建筑首层特殊关注，作为回报，走在这样设计出来的城市中会获得丰富、强烈、多层面的感官体验。

现代主义引入了新的理想。从首层到顶层，整个建筑通常用同一种材料建成，具有相同水平的建筑细节。5 层、10 层、哪怕是 40 层，整座建筑从顶到底，直愣愣地摆在了人行便道上。这种机械式城市建筑设计的后果，目前已是众所周知，因此现在到了重新将建筑首层的特殊地位摆上议程的时候了。

目前，城市需要在视平层面上达到高质量，而更高的层面上又要建设大量高层建筑，这就需要我们重新发现设计建筑首层的艺术，这事实上已经成为了一个专门的学科领域。

不要问城市能为你的建筑做什么，而要问你的建筑能为城市做什么！对这个挑战的一个直接回应会是：迷人的建筑首层，与上面各层相比，设计得向前突出。

建筑的低层部分较活跃，高层部分退后修建（澳大利亚霍巴特）。

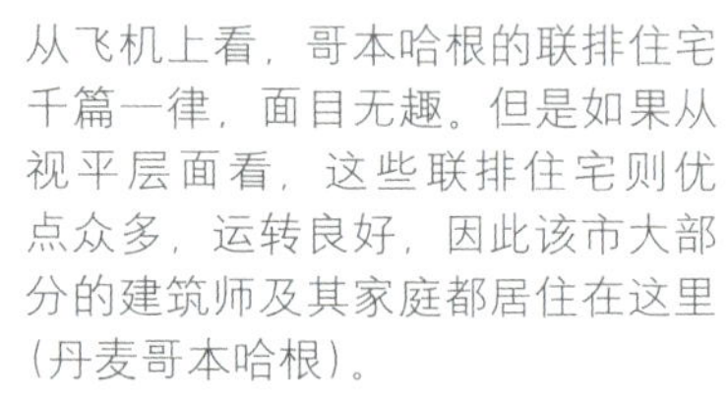

从飞机上看，哥本哈根的联排住宅千篇一律，面目无趣。但是如果从视平层面看，这些联排住宅则优点众多，运转良好，因此该市大部分的建筑师及其家庭都居住在这里（丹麦哥本哈根）。

如果只有在小尺度上出色

除了这些巧妙大尺度和小尺度的开发项目，还有很多运转良好的开发项目，在设计时只考虑了小尺度。

如果从很高的地方看，或者只从屋顶上看，哥本哈根建筑协会所在的联排住宅区（1873 ~ 1989 年）都让人觉得千篇一律，面目无趣。一条街接着一条街，每栋房子几乎一模一样，形成了低平的联排街区。看到这样的房子，旅游者不会引起在家信里报道的冲动——当然，这只是说从直升机上看到而已。

但是，降低到视平层面，这些联排住宅具有很多优点。街道在各维度上经过精心规划，屋前有花园和景观设施，空间富于创

当旅游者数量会给地区带来很大经济影响时，规划者通常会特别关注小尺度上的空间体验。加利福尼亚州阿纳海姆的迪斯尼乐园从航拍角度看没有什么特殊之处，但是在视平层面上，这个游乐园则运转得近乎完美。为了保持吸引游客的宜人氛围，建筑在上层部分的尺寸只有通常建筑的80%。

意，细节精美多样，交通畅通安全，气候舒适宜人。简言之，这里几乎满足了对优秀人性化景观的所有需求，居民们都乐于在这里充分享受生活，根本没有时间去想“从城市外面和上空，这个地方看起来千篇一律，面目无趣”。

这类开发区的经验表明，如果一定要忽视一个或多个城市规划尺度的话，无论如何不要忽视小尺度，也就是人性化景观。

另外有意思的是，这样一个住宅区由于小尺度上的空间质量很高，因而成为市民购房的首选，房价在市内也最昂贵。该市大部分的建筑师及其家庭都居住在这里：毫无疑问，建筑师最清楚应该住在哪儿最好。

在哥本哈根的“克里斯蒂安尼亚自由城”中，人性化景观经过了精心处理，成为这个地区采用无汽车交通和特殊社会模式的重要前提，这又是一个小尺度出色规划的成功案例。

小尺度——空间能否吸引人的决定性因素

在游乐园、会展场地、集市区以及度假胜地，人性化景观通常也经过周密的规划设计，这说明小尺度上的空间质量对于一个区域的生活质量和魅力具有决定性作用。上面提到的这几类场所有一个共同之处：它们都要给来访者提供良好的空间条件——在视平层面上。毫无疑问，航拍鸟瞰和直升机的视角在这儿意义不大。

生活、空间、建筑——在现有城市中

在改造现有的城市区域时，关注城市空间中的生活质量这一工作方法同样重要。

在很多城市，人性化景观多年来饱受忽视，主要原因是对汽车交通的过度强调。久而久之，几乎所有城市都设立了交通部门，

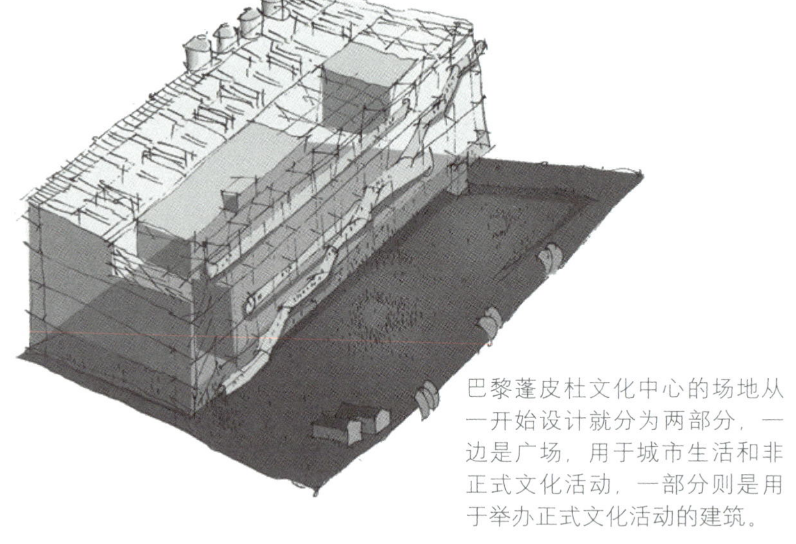

巴黎蓬皮杜文化中心的场地从一开始设计就分为两部分，一边是广场，用于城市生活和非正式文化活动，一部分则是用于举办正式文化活动的建筑。

西班牙毕尔巴鄂的古根海姆博物馆四面都是封闭的，与此相反，墨尔本的这个博物馆则具有开放性，围合出一个非常迷人的城市空间（澳大利亚墨尔本，联合广场）。

挪威奥斯陆的新歌剧院取消了城市与建筑之间的界限。屋顶平面与城市空间浑然一体，鼓励市民在市内“登山”。

按年度计算交通流量，评估停车条件。这些部门收集数据，提交预测，制作交通模型，进行影响分析，伴随这个过程，汽车越来越成为人们关注的中心，在城市规划中也几乎无所不在。

相反，很少有人注意到城市生活和步行环境出现的变化。几十年来，人们对城市生活熟视无睹，好像它是什么一成不变的东西，而它所持续遭受的负面影响则很少有人研究。

汽车交通在城市规划过程中的地位越来越显著，而城市中人们的活动则变得越来越不可见了。

这里也应该重新设定优先次序。应该让城市生活具有可见性，与城市的其他功能给予同级别对待。在现有城市改造中，也应该优先考虑城市生活。

让城市生活具有可见性

新建城市区域的规划应该从未来城市活动模式的期望和预测开始。而在现有城市区域的规划中，一个明显的出发点则是对当前实际城市生活进行调研，然后利用这一信息，制订新的规划，确定应在什么地方、以什么方法对城市生活空间进行改造。

哥本哈根的城市生活研究——过去的40年

对公共空间公共生活的正规化调研是在1968年引入哥本哈根的，多年实践证明，这一工具对于规划未来城市空间、改善人性化景观来说具有很高价值。这个方法由丹麦皇家艺术学院的建筑学院作为一个研究项目的部分成果最先提出。

简单地说，这个方法包括几个步骤：绘制城市图，评估城市空间，登记记录发生在空间中的城市生活。所谓登记记录，通常是指统计在一年中的多个季节中选定的日期和时间内，步行和停留活动的进行程度。

在第一次调研之后的一段时间（比如两年、五年或者十年之后），可以使用完全同样的方法重复进行调研，结果就能体现出在城市使用方式方面的发展和变化。如果重新规划了交通路线，改造了城市空间，那么改造的效果可以从调研结果中明显地看出。总之，这种调研是我们得以跟踪城市生活状况，改造并发展城市生活条件。[1]在哥本哈根，公共空间公共生活研究已经发展成了一个重要规划工具，政治家和城市规划师都能够借此了解城市的变化，思考在未来如何进行城市改造。

城市生活因此具有可见性，若干年来，哥本哈根的公共生活经历了多次显著改善，调研在其中起到了决定性作用。

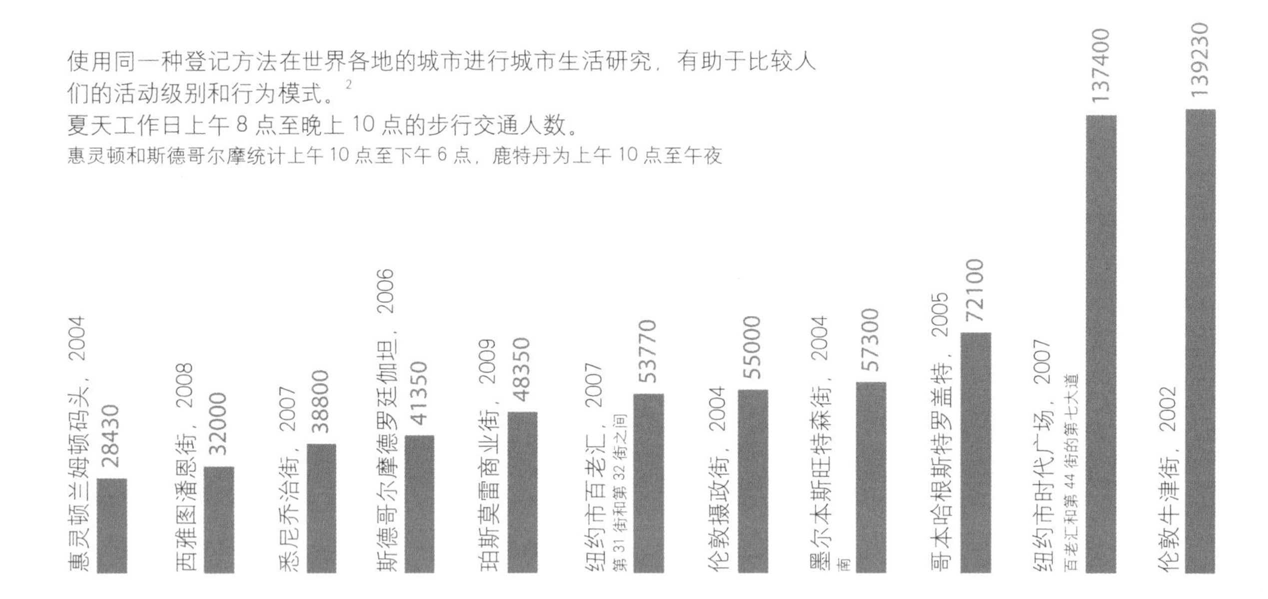

使用同一种登记方法在世界各地的城市进行城市生活研究，有助于比较人们的活动级别和行为模式。[2]
夏天工作日上午 8 点至晚上 10 点的步行交通人数。
惠灵顿和斯德哥尔摩统计上午 10 点至下午 6 点，鹿特丹为上午 10 点至午夜

作为通用规划工具的城市生活研究

作为一个制定城市生活政策和城市空间规划的工具，城市生活系统调研方法是哥本哈根首先在 1968 年开始使用的，而今天的城市规划者们不仅要用这一方法搜集城市生活数据，而且还要兼顾交通流量数据。

在城市生活调研方法首次推出之后的很多年里，作为一项规划工具，它被广泛应用于世界各地的城市改造项目中，经历了多种不同的城市类型、多种不同气候区域的考验，又获得了长足的发展。

城市生活调查的对象多种多样，既有小型外省城镇，也有伦敦（2004 年）、纽约（2007~2009 年）这样的大城市。最近 20 年来应用过这个方法的城市名单就能体现出极大的地理与文化多样性：欧洲（挪威奥斯陆、瑞典斯德哥尔摩、拉脱维亚里加、荷兰鹿特丹），非洲（南非开普敦），中东（约旦安曼），大洋洲（澳大利亚的珀斯、阿德莱德、墨尔本、悉尼和布里斯班，新西兰的惠灵顿和克赖斯特彻奇），北美洲（华盛顿州西雅图和加利福尼亚州旧金山）。[3]

在很多不同城市的调研工作描绘出了当地城市生活的细致途经，为城市规划提供了决策支持。从更大的方面说，这些调研工作对世界不同地区的文化模式和发展趋势作出了很有价值的概观。而且从不同城市取得数据，就能够让我们进行横向对比，能够在城市之间交流知识、灵感和解决方案。

城市空间中的生活具有可见性

城市生活调研方法经历了逐步发展、细化的过程。在很多城市中，系统化调研城市生活信息的各种做法现在已经发展为一些固定步骤，每次要讨论城市政策、设定新的发展目标时，就会进

城市生活研究通常以手工登记形式进行，这样既能给研究者提供必需的数据，还能让研究者对城市空间如何起作用具有第一手知识。

夏天的工作日中午到下午 4 点，哥本哈根城市空间中停留活动的平均级别。[4]

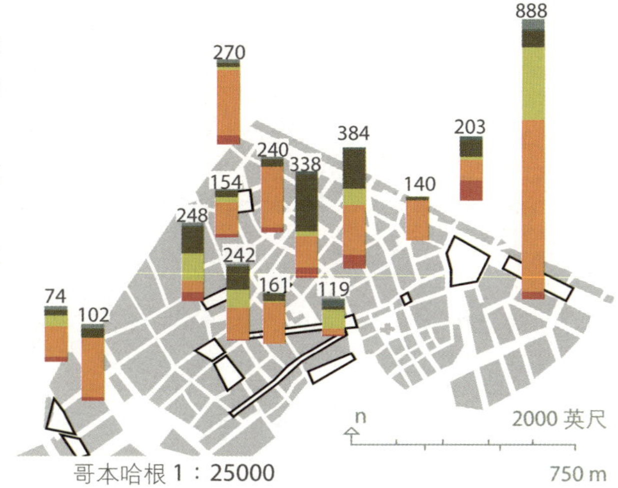

行相应的城市生活发展调研。在多年饱受忽视之后，城市政策的人性化维度终于得到了各种调研工具和规划实践的有力支持。

首先是生活，然后是空间，最后是建筑——对城市规划者的共通需求

来自很多新城区建设的经验告诉我们，必须以“生活、空间、建筑”的次序开展规划工作，而来自很多现有城市和城区改造的经验则告诉我们，在规划过程中，必须让城市生活具有可见性，并对之优先考虑。

对于 21 世纪的城市规划而言，按照“生活、空间、建筑”这个次序工作是一个普遍需求。

1993 年在澳大利亚珀斯进行了一次大规模城市生活研究。此后对城市空间进行了大量改造，2009 年的后续研究表明，该市的活动级别提高了一倍。下面两张照片分别是空间改造前后拍摄的人行便道。

HOTEL GARDEN

第6章 发展中国家的城市

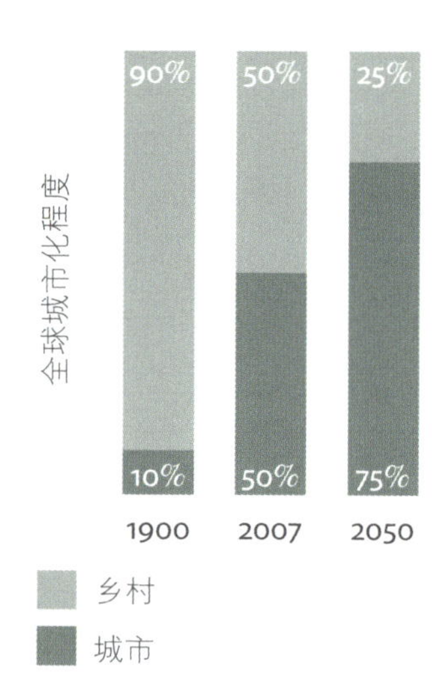

世界人口（单位：百万）

	2005	2050
亚洲	1448	3344
非洲	349	1234
工业化国家	754	950
拉丁美洲与加勒比地区	433	683
其他	180	188

上图：目前世界上超过一半的人口生活在城市中，据估计这个比例在2050年之前就会上升到75%。[1]

右上图：2005～2050年全球城市人口发展预估。[2]

在历史上，城市空间一直具有作为会面地点、商业集市、交通场所等多项功能，直到今天，世界上的大多数城市还为这些重要功能提供着服务框架（集市日，危地马拉奇奇卡斯特南戈）。

在很多城市，拥挤的交通给城市空间的传统功能带来了很大压力（约旦安曼）。

6.1 发展中国家的城市

人性化维度——在全球各地都至关重要的问题

人性化的城市规划能够完全满足使用城市空间的民众的需求，所以我们有充分理由优先采取这一规划理念。无论城市的经济发展水平如何，都需要鼓励市民步行、骑车、参与城市生活。

在很多发展中国家，城市都处于快速发展中，对这些城市而言，有很多特殊条件让城市规划的人性化维度变得尤其重要。

现在大多数人都住在城里，城市正在爆炸式发展

1900 年世界总人口为 16.5 亿，经过一个世纪的高速发展，2000 年的世界总人口达到了 60 亿，到 2050 年预计将达到 90 亿。[3]

这种戏剧性增长大部分发生于城市地区。在 1900 年，世界人口的 10% 生活在城市中。到了 2007 年，这一比例增长到 50%，而到 2050 年，预计有 75% 的世界人口是城市人口。[4]

人口过度增长以及贫困问题使得公共城市空间尤其宝贵

发展中国家城市人口的快速增长带来了很多问题和挑战。

在很多地区，为了给大量新的城市居民提供住房，就产生了大面积的临时住宅区，人口稠密，建筑简陋，几乎缺乏所有服务设施。城市的人口压力也让现有的住宅区过于拥挤，市政服务供应不足，交通拥堵，公共空间和公园也变得过于稀缺。而在大城

城市空间具有作为会面地点、商业集市、交通场所等多项传统功能，只要机动车交通没有占统治地位，这些功能就将继续均衡发展（中国北京的胡同）。

在很多发展中国家，大量重要的日常城市功能是在户外空间中实现的。文化条件、气候条件以及经济条件共同决定在这些国家里城市空间中的生活对于生活条件和生活质量具有重要影响（坦桑尼亚桑给巴尔，街头电视；孟加拉达卡，街头贸易；越南河内，街头美发）。

市周边，正在以创纪录的速度修建大量住宅建筑群，大多是高密度修建的高层建筑，其中公共空间数量有限，质量堪忧。

发展中国家中的大部分城市居民的生活标准都不高。而恰恰是在那种人口密度高、经济资源少的住宅区中，户外空间对于生活条件有着重要意义。很多日常活动都尽可能在住所附近的户外空间，在街道上、广场上或者其他公共地域中进行。

在很多地区，人们很大范围内、很多方面上都在进行户外生活，这对于他们的生活条件和生活质量具有重要意义，这通常是文化、传统、气候等方面的情况决定的。在这些城市中，尤其重要的就是应确保城市中具有足够的、运转正常的自由空间：在现有城区和新城区中，都应该有足够的公园、广场，都应为人们提供自我表现的机会。

保持和强化步行与自行车交通的有力论据

随着经济发展，人们工作场所的类型也在更新，上班距离越来越远；由于城市的快速发展，城市居民住宅区出现了集中化趋势，而这给交通基础设施带来了过度的压力。

虽然汽车和机动车交通也在逐步增长，但是目前绝大多数城市居民都很少拥有或根本没有汽车、摩托车。公共交通则往往发展不足，又贵又慢。

对于这些阶层的民众来说，步行和骑车从前是主要交通方式，很多市民现在仍然步行、骑车或乘坐公交出行。但是，机动车交通的增长极大降低了步行和骑车的机会，虽然有些阶层驾车出行更方便了，但是更多的阶层却发现自己出行比以前更为不便，甚至可能没有什么好的交通途径了。在发展中国家快

一些国家的建设原则和政策非常忽视城市空间中的户外活动。很多新建居住区都是如此建成的（中国北京）。

孟加拉达卡的人力三轮车

孟加拉达卡有1200万居民，大约40万辆人力三轮车给他们提供着廉价、可持续发展的交通运输服务。据估计，人力三轮车让将近100万人得以维持生计。也有不少关于如何对待汽车交通的讨论，但通常遇到“人力三轮车还在继续发展”这个意见后，就不得不搁浅了。不幸的是，像这样不同交通方式之间的冲突在很多发展中国家很常见。[5]

速发展的城市中，尤其应该给居民们提供良好的步行和骑车条件，让他们能够安全舒适地出行。发展步行和自行车交通并不是针对贫困阶层的一种临时措施。相反，它是一项长期、广泛的投入，能够改善居民生活条件，建设可持续发展的交通系统，降低污染和交通风险，满足社会所有阶层的需求。在这些城市中，对于发展高效的交通系统来说，良好的步行和骑车环境也是一个重要前提条件。

经济发展和生活质量下降

总体而言，在发展中国家中许多快速发展的城市都有很多共同点。传统的步行和自行车交通方式正在衰落，机动车交通快速发展，几乎让城市交通达到了饱和状态。在很多城市，尤其是亚洲城市中，伴随着经济增长，城市生活质量反而下降了。

汽车和摩托车排成无边无际的拥堵长龙，所有人的交通时间都比以前长了，噪声、空气污染和交通事故等问题日益严重。

对于行人和残余的坚定骑车派来说，出行条件在很长时间以来都让人无法容忍，但是出于生计，他们也只能随遇而安。街道上的人行便道有的拆除了，有的被停车占用了，行人们在剩下的人行便道上奋力拥挤才能通过，要么就干脆带着背包、篮子、小孩直接在马路上走。而骑车人则要绕来绕去才能行进。

传统的户外生活包括很多街边手艺人、街头展示、街头交易，而且街边沿着建筑还有烹饪小吃，现在这些也都处境困窘。为了解决停车和汽车交通问题，户外生活的空间越来越小，而且城市空间中的户外活动也受到了噪声、污染、交通风险的负面影响。原来的空地上建起了房子，公园变成了停车场，根本没有机会在户外游戏了。情况每天都在恶化中。

对于社会大部分阶层的民众，尤其是最贫困阶层的民众来说，交通的迅猛发展也就意味着在城市生活中自我表现的机会明显减少，生活质量显著降低。

仅仅几年前，越南城市还以自行车交通为主。但是今天摩托车取代了自行车。对于社会中某些阶层的居民来说，摩托车提高了他们的交通能力，但是它给城市质量也带来了很多新问题。

上述总体图景描绘的是那些问题日益增长的发展中国家城市。与此相比，还有一些有远见的政治家和城市规划者为一些最紧迫的问题找到了新的解决方案，制定出了种种有创意的城市政策。考察这些城市的范例能给人带来启发。当然，这些政策也是针对交通问题而制定的，但是它们还改善了城市生活，为步行和

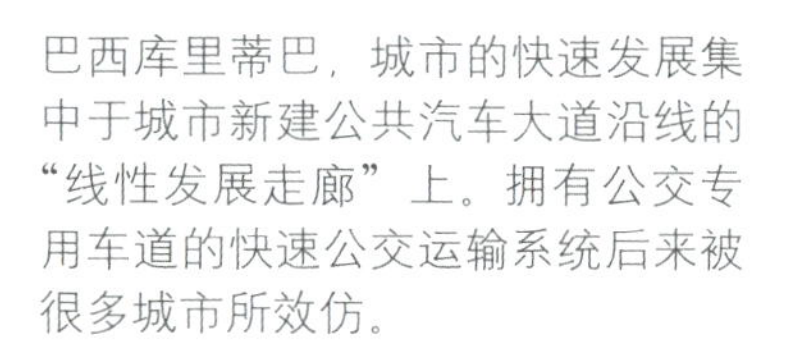
巴西库里蒂巴，城市的快速发展集中于城市新建公共汽车大道沿线的“线性发展走廊”上。拥有公交专用车道的快速公交运输系统后来被很多城市所效仿。

自行车交通创造了机会，从而在整体上提升了经济潜力，提高了城市质量和居民生活条件。

关于城市发展和运输的创造性思维：巴西库里蒂巴

在最近几十年中，很多城市都新建了地铁、铁路或轻轨交通系统。但是这些交通系统需要大量投资，而且要历经多年才能建成。不少城市转而兴建快速公交系统（BRT）。这种人称“带橡胶轮子的地铁”的交通方式很迷人，因为它价格低廉，易于实施，而又能快速、舒适地运送大量乘客在城市中通行。

库里蒂巴是巴西南部的一个快速发展的城市，它在发展公共交通方面具有真正的先锋精神。从1965年至2000年，该市的人口从50万增长到150万，而且势头仍未减弱。从1965年开始，城市就沿着五条公交街道发展，形状像是从市中心伸出的五根手指。大型公共汽车在这些街道上穿行服务。公共汽车站精心规划设计，能让乘客快速上下车，在每个路口，公共汽车遇到的绿灯确保交通畅通无阻。

市长Jamie Lehrner富有远见的城市规划方案中还有两个重要元素：通往公共汽车站修建了简短、便捷的道路，允许自行车在公共汽车线路上通行。城中心还新建了大量公园，设立了禁止汽车通行的街道与广场，从而确保在这个快速发展的城市中留有自由空间，确保市民们有自我表现的机会。

关于城市质量和社会可持续发展的创造性思维：哥伦比亚波哥大

总而言之，库里蒂巴的范例表明，即使面临经济挑战，并有快速增长的人口，发展中国家的城市一样能够给步行和自行车交通提供良好的条件，能够重点关注城市生活质量。

1995 年至今，哥伦比亚的波哥大，一座 600 万居民的南美城市也在实施引人注目的市政规划。尤其是在 1998 ~ 2001 年期间，在市长 Enrique Penalosa 的领导下，规划工作将改善城市质量放在了重要位置。该市只有 20% 的市民拥有汽车，但是多年以来主要交通投资都用于改善汽车交通。

1999 年，哥伦比亚波哥大引入了大规模的BRT(快速公共交通)系统。像库里蒂巴一样，波哥大的“新千年交通”公共汽车也在专有的公交车道上行驶，在城市里行驶的速度比拥堵路段上的轿车要快得多。

哥伦比亚波哥大的城市改造计划中，非常重要的一个环节就是确保步行与骑车的良好环境条件。为此改造了很多街道的人行便道，沿城市的绿化带和新建住宅区设立了新的步行道和自行车道。

1998年起，市政府转移了投资重点，致力于提高剩下的80%市民的出行能力和生活条件。要让没有汽车的居民能够通过步行、骑车和有效的公共交通来往于城市中。

为了改善步行和自行车交通，市政府制订并实施了一项方案。很多人行便道从前被用于停车，现在都经过清理和翻新，并新建了330km自行车道。对于城市贫民区中的居民来说，自行车是一个实用廉价的交通方式，能够提高他们的出行能力。市政府还规定，在新建城市住宅区时，必须在修筑汽车道路之前就建好步行道和自行车道。

和库里蒂巴一样，波哥大的整体城市规划中的一个重要元素就是引入了大规模的BRT（快速公交）系统，整个城市都设立了公交专行车道。2000年左右，城市引入了“新千年交通”公共汽车，大大减少了城市内的通行时间。整体的规划目标是，给无特权的市民们提供更高的生活条件和出行能力，促进城市的经济与社会发展。如果步行、骑车更方便了，乘坐公共交通更快了，那么人们也就可以更便利地抵达全市各处办公场所。新千年交通公共汽车的平均速度是29.1km/h，能够解决交通拥堵问题，每天运送140万乘客出行。平均下来，每个乘客每年节省了300小时，从前这些时间都花费在拥堵的路上，现在则要么可以尽力工作，要么可以陪伴家人。

这个整体规划并没有忽视休闲娱乐。仅仅几年间，新建了900个公园和广场，尤其对那些人口稠密、住房窄小、特别需要自由空间的地区加大了投入。[6]

很多发展中国家和发达国家的城市规划者都受到库里蒂巴和

哥伦比亚波哥大开展的“骑车生活”活动。每周日的上午7点至下午2点，全城120km的街道上禁止汽车通行，允许人们骑车和游玩。多年以来，“骑车生活”广受欢迎，在一个普通的周日，超过百万人会来到城市街道上，漫步、骑车、会面、寒暄。

波哥大范例的启发，开始实施类似的城市改造和社会规划。尤其是优先行驶的 BRT（快速公共交通）系统，在雅加达、危地马拉城、广州、伊斯坦布尔、墨西哥城、布里斯班和洛杉矶等城市获得了进一步发展。

波哥大还采用了另外一项政策：在周末设置自行车专行道，开展“骑车生活”活动。现在，全球各地有不少城市借鉴了这个想法并加以实施。在开展“骑车生活”活动时，若干条街道在周日对汽车封闭，因为这一天交通流量较小，活动容易实施。这样，街道变成了自行车专行街和游戏场，市民们可以在这里呼吸新鲜空气、锻炼、教小孩骑车，享受在城市中骑车的乐趣。每个周日，波哥大在 120km 的街道上关闭汽车交通。经过一段时间，“骑车生活”发展成了一个每周有百万人参加的街头会面。

最近几年很多其他城市也借鉴了这一做法，在周末禁止汽车通行若干街道，设立自行车专行街。在 2008 年，纽约市第一次开展了“夏日街道”活动，很多其他的美国城市为了发展自行车文化也相继采用了这个做法。

在实行种族隔离统治的时期，有色人种居民被驱赶到城市之外的小镇上居住。像开普敦附近的这样一个小镇，以其人口密度高、建筑质量差、居民极端贫穷而著称。

在政治议程中，改善城市生活条件占有重要地位。为了张扬政绩，政治家选择了人们进行日常活动的公共空间，对之实行快速、广泛的改善工作（南非开普敦）。

南非开普敦“有尊严的地方”计划。

在很多情况下，如果开展大规模的城市改造需要很长时间、很多资源，那么就应该迅速实施小型廉价的项目，立足于在各个居住区改善日常生活，调动市民的参与积极性。正是在这样的背景中，在建筑师 Barbara Southworth 领导下，南非的开普敦市的城市规划师从 2000 年开始实施了一项称为“有尊严的地方”的计划。

1994 年，南非的种族隔离统治结束，进入了民主社会，这样就有机会开展城市规划，提高生活在很多贫穷城镇中的居民的生活质量。但是经费有限，只够实施几个选定的项目。首先进行的是在一些贫困地区修建给水排水设施，并且启动了一个专门建设优质城市空间的项目。

这些城镇的一个特点是，在学校、车站、路口、运动场前面现有不少自由空间，起到了社会枢纽和城市空间的作用。虽然这些城市空间通常界定不够清晰，脏乱不堪，易被忽视，而且缺乏城市设施和景观设施，但是它们对当地人来说仍然很重要，是人们足迹常至的会面地点。很大一部分社区活动在这里进行。改造了这些空间，就能改善日常活动的整体框架，而且还能够向人们表明，在多年的压迫之后，现在终于又可以在城市公共空间里会面和交谈了。

这个计划大规模地动员了当地的艺术家和手艺人，到目前为止，已经在多个地区实施了 40 多个项目，让人们获得了有尊严的、美丽而实用的城市空间。每个空间都根据具体场地专门设计，但

开普敦兰加的 Guga Sthebe 艺术中心（原书 Sthebe 拼写错为 Sithebe——译者注）。

开普敦菲利皮的兰斯当角工程。本工程修建的柱廊为摊贩们提供了遮阴之地，并且也彰显了集市区的位置。

在菲利皮火车站前新建的公共空间。沿广场修建的商棚能够给邻里社区以及火车乘客提供服务（南非开普敦）。

是也有一些共同的特点，如良好的设施和路面，遮阴的大树，给街头商贩设置的棚架等等。还使用了一些改造过的集装箱界定空间，充当货摊。未来新广场建造好之后，这些集装箱可以放在周边提供服务设施。[7]

在整个人类居住史中，住宅区都是从人们经常使用的小路和场地开始发展的。然后有了商贩的货摊，修起了建筑物，再后来才有了更复杂的城市建筑。城市始自生活，开普敦的各个重要城市空间也不例外。这里的规划方法就是按照规划原则来持续地改善贫穷地区。在人们最需要尊严，需要会面场所的地区，开展“有尊严的地方”计划当然是一个很好的出发点。这也是一个可供效法的策略。

事半功倍

随着世界上一些最大、最穷的城市的快速发展，出现了大量综合性问题。住房、就业、健康、交通运输、教育和基础设施都处于急需之中。还需要治理污染，清除垃圾，改善总体生活条件。

在非常短的时间内，借助非常有限的手段，就要面对如此众多的挑战，城市规划工作任重道远，与此同时还应该注意将城市的人性化维度与城市的发展相结合。

随着经济发展，很多人都希望拥有汽车和摩托车，这一点是应予理解尊重的，但是机动车交通的发展不应该以牺牲传统交通模式（步行和骑车）为代价。在很多发达国家的城市中，尤其是丹麦和荷兰城市里，机动车交通和非机动车交通是可以并存的。在发展中国家的城市中，更需要多种交通方式在同一街道上共存。与其他领域的投资相比，为改善城市人性化维度需要的资金实在是相当少的。

在各种城市项目中，主要投资方都应该尊重和关注用于城市人性化维度上的投入。只需要动用很少的手段，就能够为很多居民的生活条件作出重要的改善，给他们带来幸福和尊严。

深思熟虑、细致关怀和设身处地的着想是城市规划中最关键的要素。

6.2 人性化维度——一个普遍的出发点

全球一致性：相同的问题和解决方案

虽然世界不同地方、不同发展水平的城市存在的问题不一定完全相同，但是在城市规划的人性化维度上实际区别并不很大。到处都可以见到相同模式的问题，换言之，在过去的50年来，世界各地的城市发展都严重忽视了人性化维度。

发达国家的城市之所以会忽视人性化维度，主要原因在于规划的意识形态因素，在于机动化交通的快速发展，此外，城市生活是传统社会中的一个重要部分，而在现代社会中，为了鼓励人们参与城市生活则需要经过精心规划，予以明确支持，这两种社会类型之间的转化难度也是造成人性化维度被忽视的原因。对于发展中国家那些快速发展的城市来说，人口大量增长，经济处于萌芽状态，交通迅猛发展，这些因素共同导致了城市街道上鲜明可见的种种问题。

在一些发达国家中，忽视城市规划中的人性化维度几乎毁掉了城市生活，而在发展中国家中，让城市生活条件变得极端困窘的则是来自发展的压力。在这两种情况下，为了改善城市生活质量，都必须关注人们行走、骑车、使用户外空间的条件。

要旨在于对人的尊重

重要的是对于人、尊严、生活热情以及作为会面场所的城市的关注。在上述方面，世界各地的人们的梦想和渴望没有多大差别。而处理这些问题的方法也惊人地相似，因为说到底共同的基本出发点还是人。所有人都具有行走能力、感知能力，都有类似的运动技能和基本行为模式。未来的城市规划必须以人为起点，其程度远比我们今天所想到的更高。建造人性化的城市是廉价、简单、健康而可持续发展的工作——同时，又是一个应对21世纪带来的种种挑战的明显对策。是我们重新发现城市规划中人性化维度的时候了——对于全世界都是如此。

“做一个好建筑师，你必须热爱人民。”

在2000年的一次访谈中，采访者问建筑师拉尔夫·厄斯金，一个人需要多久才能成为好建筑师。他回答说：“做一个好建筑师，你必须热爱人民，因为建筑是一门应用艺术，与一些事关人民生活的结构框架打交道。”[8] 确实就是这么简单。

Dotti

第7章

工具箱

对于活跃新城区的城市生活而言，让人群和活动在此聚集是一个重要的先决条件
[瑞典马尔默，Bo01 项目（2001 年）]。

规划原则：聚集还是疏散

在设计城市的人性化维度时，有几条通用原则构成了至关重要的前提。下面提出其中的五条。前四条原则涉及的是城市质量，确保人群与活动能够在建筑区域中聚集起来；第五条原则用于提高城市空间的质量，鼓励人们在城市空间中度过更长的时间。

1．合理分配城市功能设施，让它们之间距离更近，让人群与活动的数量达到临界量。
2．将城市的多种功能设施结合在一起，提高多用性、体验的丰富性、社会的可持续性以及城市各地区中的安全感。
3．合理设计城市空间，鼓励步行和骑车交通，并确保这两种交通形式的安全性。
4．开放城市与建筑物之间的边界地带，让建筑内部与外部城市空间之间的生活产生互动。
5．邀请人们在城市空间中度过更长时间，因为对于创造有生气的空间而言，少数人在一个地方待很长时间与多数人待很短时间具有同等效果。在所有增进城市生活的原则和方法中，“邀请人们待更长时间”是最简单、最有效的。

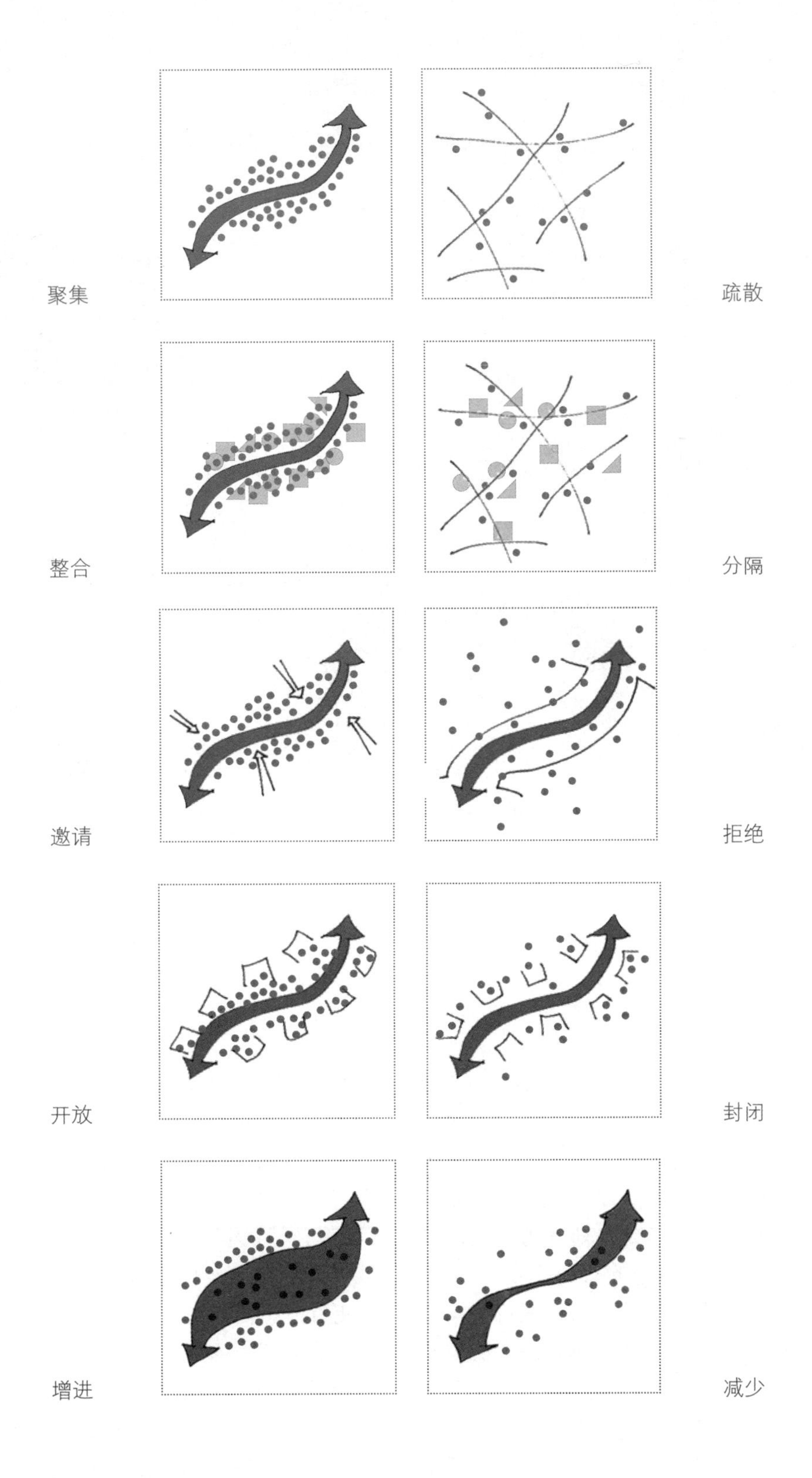

来源：*Jan Gehl, Life Between Buildings (1971), 6th edition, The Danish Architectural Press, 2010.*
Further developed: Gehl Architects - Urban Quality Consultants, 2009.

2007 年，英国布赖顿的新街从一个普通街道转化为一条步行优先的街道。这条街现在被用于多种活动，使用者比从前大为增长（另见第 15 页）。

交通规划四原则

在 20 世纪 60 ～ 70 年代，当汽车交通日益占据了主流，城市中基本上只剩下两种类型的街道：交通繁忙的街道和步行街。在同一时期的很多新建区域中，道路交通的规划原则是将汽车交通和步行 / 自行车交通划分为完全隔离的两个体系。虽然这个观念在理论上很了不起，但在实践中总是很成问题，因为人在行进中总会选择最短捷的路径。而且，截然分开的路线往往会在晚间和夜间导致安全问题。

在此后的年月里，尤其是在 20 世纪 70 年代，第一次石油危机遏制了交通增长，越来越多的人有兴趣开发多元化的交通方式。荷兰人首先提出“生活街道”的理念，倡导混合交通模式，这一形式很快在整个欧洲都得到了发展。在 20 世纪 70 年代“交通稳静化”受到了欢迎，安静街道与游戏街道的概念也被引入。新型街道降低了交通速度，使街道变得对于所有交通形式都更友好、更安全。

最近几十年来，交通重组与整合的理念在全世界进一步传播。最新提出的是“共享街道”理念，如果将其理解为“街道应明确给行人最高优先权”，那么可以说它的效果相当不错。

加利福尼亚洛杉矶
快速交通模式。直截了当的交通系统，安全性很差。除车辆交通之外，街道实际上没有其他功能。

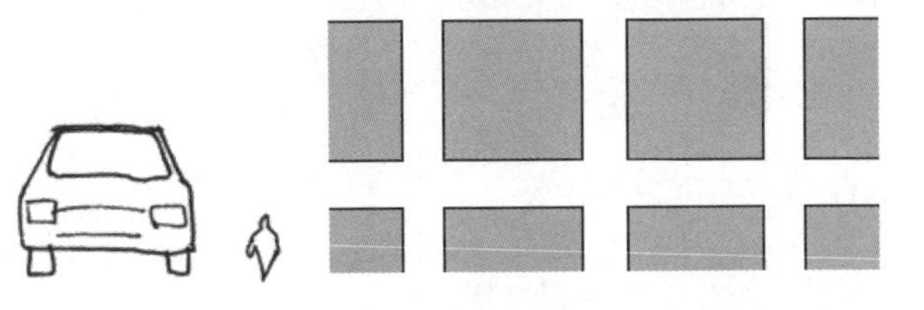

新泽西州拉德本
1928 年在拉德本引入了隔离式交通系统。设计了复杂昂贵的多重道路体系，并包括很多造价高昂的过街通道。
调查表明，虽然理论上这一系统有助于提高交通安全，但实际上不太起作用，因为行人总是选择最短而非最安全的路线。

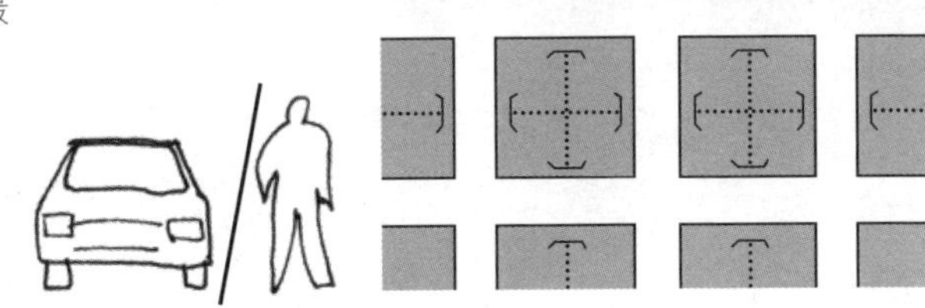

荷兰代尔夫特
1969 年代尔夫特引入了以慢速交通为主的交通系统。直接、简单而且安全的交通系统，保留了街道作为重要公共空间的作用。如果必须开车前往某一建筑物，在这个体系中也可以办到，但是必须给行人让路，因此这显然是一种最佳的系统。

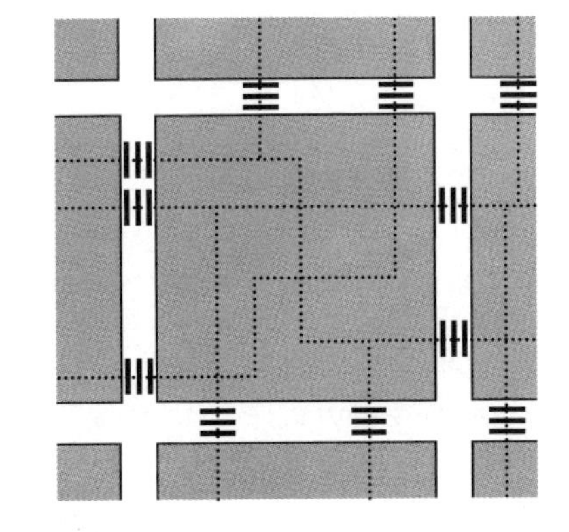

意大利威尼斯
步行城市，快速交通与慢速交通之间的过渡发生在城市边界地带或娱乐区域的周边。这是一个直接、简单的系统，安全性比其他任何交通系统都高。

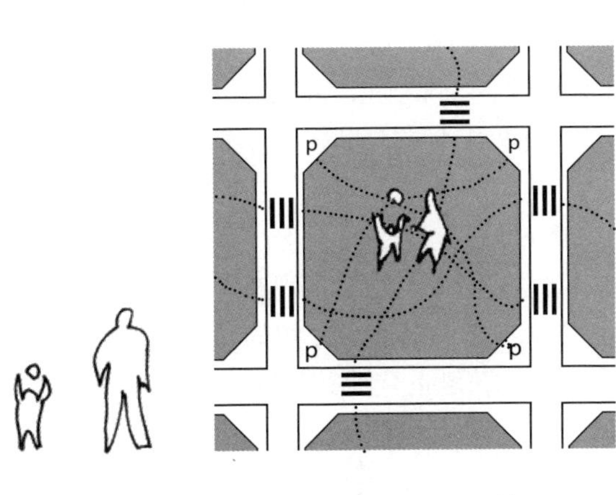

来源：*Jan Gehl, Life Between Buildings (1971), 6th edition, The Danish Architectural Press, 2010. Further developed: Gehl Architects - Urban Quality Consultants, 2009.*

无阻碍的视野，较短的距离，低速的面对面行进——能体验到这样的城市生活，夫复何求？（挪威奥斯陆，卡尔·约翰门，人行便道街景）

邀请还是拒绝——视听接触

第1章中我们提到，在公共空间人们之间的各种接触形式中，简单的视觉和听觉接触是最广泛、最重要的。在所有环境中，只要能够看到、听见别人，我们就能获得信息、了解概况和产生灵感。这也是一个起点：所有进一步的接触都是从看与听开始的。

第2章中我们提到，在人类发展的整体历史中，人都是直线性的、正面的、水平方向的、以5km/h速度运动的生物。这是人类感觉器官发展的出发点，也是我们感官运转的基本能力和方式。正如第2章介绍的那样，感觉对于人们之间的接触也有重要影响。

考虑到这一点，就不难理解为什么规划会在物理上邀请或拒绝基本的视觉和听觉接触。鼓励接触，就需要有无障碍的视野，短捷距离，低速度，与体验对象处于相同的层面、正对的方向上。

仔细考察这些前提条件，我们会发现很多古老的步行城市、很多富有活力的步行街道都具备同样的物理框架。

相反，视线受阻，距离过长，速度过高，层数过高，与对方处于不同方向上，这些因素会妨碍人们彼此观看、倾听。

仔细考察这些条件，我们会发现很多新建区域、住宅区和郊区都具备同样的物理框架。

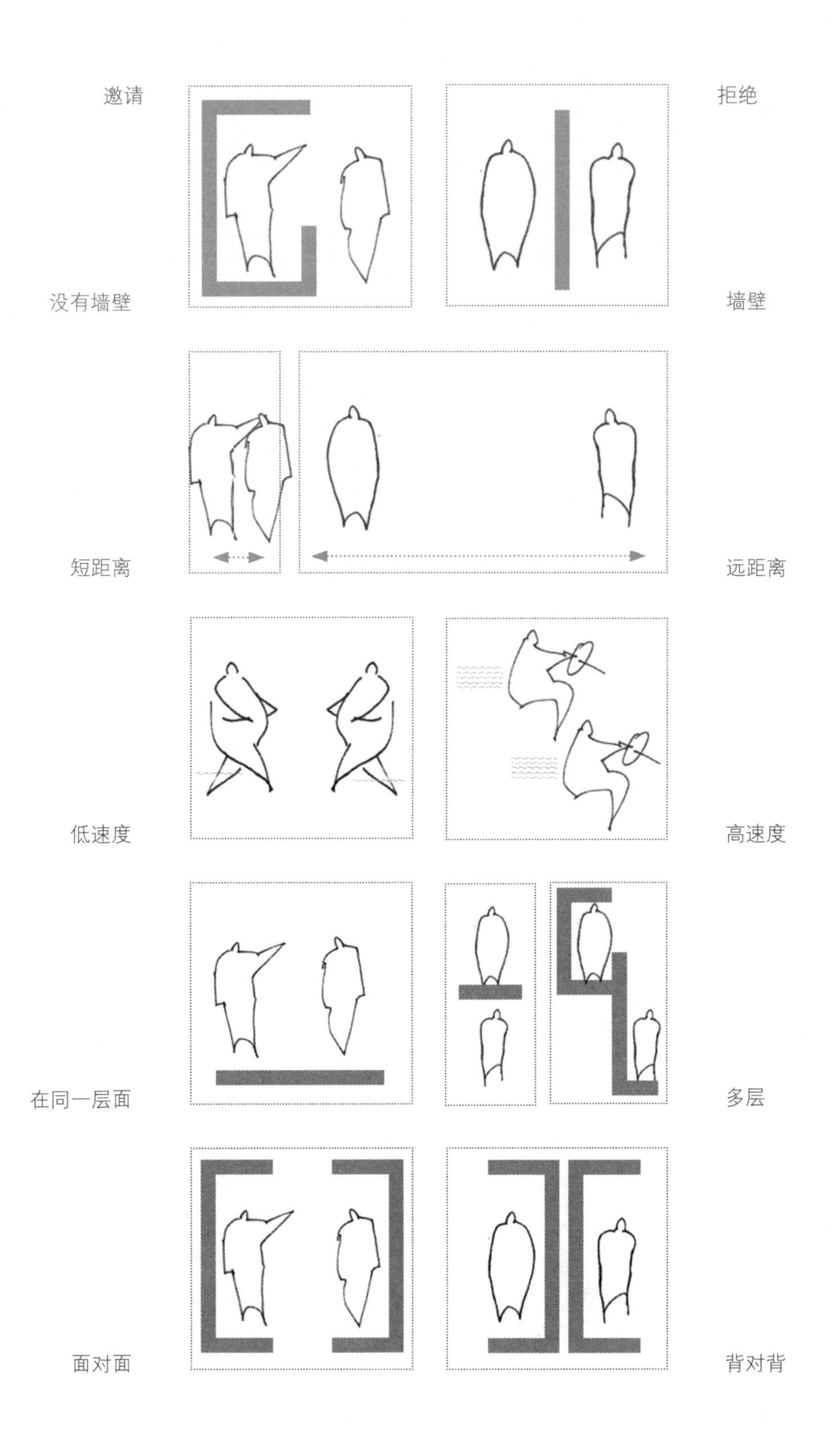

来源：*Jan Gehl, Life Between Buildings (1971), 6th edition, The Danish Architectural Press, 2010.*

如果我们仔细考察世界上最佳的那些城市空间，我们就会发现这些空间充分体现了所有基本的质量准则（意大利锡耶纳市政广场）。

视平层面的城市：12 个质量准则

视平层面的城市是第 4 章的主题，这一章中我们系统性地介绍了若干最重要的质量标准。

在进行任何其他考虑之前，首先应该确保的是避免风险、身体损伤、不安全感、不愉快的感官影响，尤其是应避免气候的负面影响。如果以上任何一个主要问题没有顾及，那么其他方面的质量也就是空谈。

下一步是应该确保空间的舒适性，鼓励人们利用公共空间进行若干最重要的活动：行走、站立、坐下、观看、交谈、倾听和自我表现。要充分利用城市空间，就要既考虑白天的使用场景，也考虑夜间，此外也要兼顾一年四季的全部时间。

符合人性的尺度、充分利用当地气候优势、尽可能提供审美体验和宜人的感官印象，这就能让场所给人带来充分的乐趣。最后一条准则体现了优质建筑设计的意义。事实上这一准则是一个更广泛的概念，可以包括其他所有的方面。因此应该强调，建筑设计不能与其他的那些准则分开单独考虑。

有一个非常有趣、引人深思的现象：世界上各类最佳的城市空间都充分体现了所有这些质量因素。可以说这些要素缺一不可。

保护

免受交通状况与事故困扰——安全感

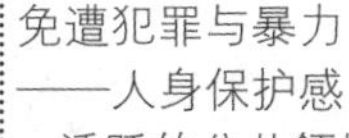

- 对行人的保护
- 消除对交通状况的畏惧

免遭犯罪与暴力——人身保护感

- 活跃的公共领域
- 街道上目光的注视
- 日间与夜间功能的重合
- 良好的照明

免于不愉快的感官体验

- 风
- 雨／雪
- 冷／热
- 污染
- 灰尘，噪声，强光

舒适

行走的机会

- 行走的空间
- 不受阻碍
- 良好的路面
- 为所有人服务的无障碍设计
- 有意思的建筑立面

站立／停留的机会

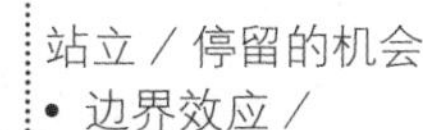

- 边界效应／吸引人站立／停留的区域
- 给站立者提供的支持倚靠

坐下的机会

- 可就座的区域
- 利用优势：视野、阳光、人群
- 适合就座的场所
- 方便休息的长凳

观看的机会

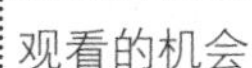

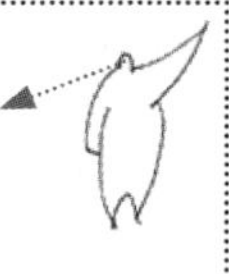

- 合理的观看距离
- 不受阻碍的视线
- 有趣的景观
- 照明（黑暗时）

交谈和倾听的机会

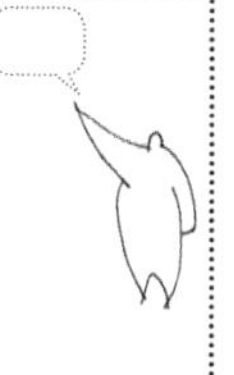

- 低噪声等级
- 构成“适于谈话的景观”的街道设施

嬉戏与锻炼的机会

- 鼓励进行创造性活动、体育活动、锻炼和嬉戏
- 昼夜都可以
- 冬夏都可以

乐趣

尺度

- 按照人性化尺度设计建筑和空间

享受当地气候优势的机会

- 阳光／阴凉
- 热／冷
- 微风

好的感官体验

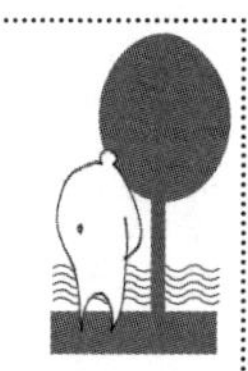

- 好的建筑设计与细部设计
- 好的材料
- 精美的视觉景观
- 树，绿植，水

来源：*Gehl, Gemzøe, Kirknæs, Søndergaard, “New City Life”, The Danish Architectural Press, 2006.*
Further developed: Gehl Architects - Urban Quality Consultants, 2009.

视平层面的城市——首层设计

第 3 章介绍了提升城市生活的原则，其中强调了建筑首层对于城市魅力和功能的重要意义。这也就是建筑与城市之间沟通交流的区域，室内外的生活在此相遇，行人在此路过，偷闲享受各种大大小小的途中体验。

在最近几十年，建筑首层的设计有了不小的退步，流行的是大单元、多个封闭立面、盲窗以及缺乏细节的设计。

这些发展趋势让很多城市街道失去了路人的光顾，让街道失去了活力，并且在天黑后增加了人们的不安全感。

考虑到以上问题，1990 年，伴随一项重要的城市翻新计划的出台，瑞典的斯德哥尔摩市提出了一套包含五个步骤的评分体系，用于注册评估建筑的立面设计情况。这样一来，就能够对城市的各区域及各街道进行总体评价，判断什么地方应该作出改善（见第 81 页）。这样的注册评估可以用于城市间、区域间的比较，此外，为了推行积极政策，确保主要街道沿线的建筑都具有吸引人的首层设计，也可以把注册评估方法作为出发点（见第 78 页）。

近年来，为了维护和发展城市空间质量，很多城市都采用了注册评估的办法，以此为重要工具确保首层设计的美观。

A— 活跃
小单元，多门
(每百米 15 ~ 25 个门)
在功能上有较高多元性
没有“盲单元”，较少的“消极单元”
立面线条富有特色
立面主要采用纵向划分
好的细节设计和材质

B—友好
相对小的单元（每百米 10 ~ 14 个门）
功能上体现一定的多元性
较少的“盲单元”和“消极单元”
立面线条
很多细节

C—混杂
单元大小混杂（每百米 6 ~ 10 个门）
功能上略带多元性
若干“盲单元”和“消极单元”
略带立面线条
较少细节

D—无趣
大单元，很少门（每百米 2 ~ 5 个门）
功能上几乎一成不变
很多的“盲单元”和无趣的单元
很少乃至没有细节

E—不活跃
大单元，很少乃至没有门（每百米 0 ~ 2 个门）
功能上没有任何可见的变化
“盲单元”和“消极单元”
整齐划一的立面，没有细节，没有可看之处

来源：*"Close Encounters With Buildings", Urban Design International, 2006*
Further developed: Gehl Architects – Urban Quality Consultants, 2009

单行街：通行能力更强，速度更快，但是会导致高噪声、咄咄逼人的交通环境（纽约市）。

双向通车的街道，包括两条汽车道，自行车道，树木以及一条中间隔离带：街道变得更迷人、更安全（哥本哈根一条经过重新设计的城市街道）。

请重新安排优先级别

多年以来，汽车交通迅猛增长，全球各地有很多能干的交通工程师想方设法提高城市街道的通行能力。本页和后面的 3 页内容展示了很多增进街道行车空间的做法。问题是，这些做法系统性地恶化了城市的步行条件。

为了让城市规划师把人性化维度整合到城市中，必须重新评估这些年来引入城市的各种提高交通容量的做法。我在后面几页表明，对于出现的每种问题，都有一个更有利于步行交通的解决方案。

是我们重新安排交通优先级别的时候了。

人行便道上的障碍
阿根廷科尔多瓦

有尊严的步行体验
拉脱维亚里加

狭窄的人行便道
英国伦敦

对空间更均衡的分配
丹麦哥本哈根

过街需按钮申请
澳大利亚悉尼

礼貌的提示
丹麦哥本哈根

闪烁的红灯催促行人赶
紧通过路口
美国纽约

礼貌的提示
丹麦哥本哈根

长时间等候
日本东京

行走与等候之间的平衡
丹麦哥本哈根

沿人行便道设护栏
英国伦敦

尊重行人的目标路线
英国伦敦，肯辛顿

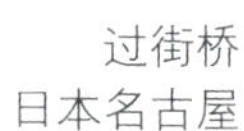

过街桥
日本名古屋

直接在街道平面上过街
丹麦哥本哈根

过街地道
瑞士苏黎世，改造前

直接在街道平面上过街
瑞士苏黎世，改造后

间断的步行区域
澳大利亚悉尼

不间断的步行路口
丹麦哥本哈根

步行区域因为小街而中断
英国伦敦

人行便道和自行车道穿过小街
丹麦哥本哈根

人行便道由于车道或送货道而中断
英国伦敦

不间断的人行便道
丹麦哥本哈根

让人困惑的路口
澳大利亚悉尼

简单的十字路口形式
澳大利亚布里斯班

障碍跑训练场式的十字路口
英国伦敦

简单的十字路口
丹麦哥本哈根

引导行人绕开街角
西班牙毕尔巴鄂，改造前

尊重行人自己选择的最佳路线
西班牙毕尔巴鄂，改造后

来源：*Gehl Architects - Urban Quality Consultants, 2009.*

Jule-ide

注释
参考文献
插图与图片

注释

第1章

[1] Jane Jacobs, *The Death and Life of Great American Cities* (New York: Random House 1961).

[2] Le Corbusier, *Propos d'urbanisme* (Paris: Éditions Bouveillier et Cie. 1946). In English: Le Corbusier, Clive Entwistle, *Concerning Town Planning* (New Haven: Yale University Press 1948).

[3] The City of New York and Mayor Michael R. Bloomberg, *Plan NYC. A Greener, Greater New York* (New York: The City of New York 2007).

[4] New York City Department of Transportation, *World Class Streets. Remaking New York City's Public Realm* (New York: New York City Department of Transportation 2009).

[5] Mayor of London, Transport of London, *Central London. Congestion Charging. Impacts Monitoring. Sixth Annual Report, July 2008* (London: Transport for London 2008).

[6] City of Copenhagen, *Copenhagen City of Cyclists – Bicycle Account 2008* (Copenhagen: City of Copenhagen 2009).

[7] Of Copenhagen residents, working or studying in the city, the cycling share of transport is 55%: City of Copenhagen (2009): 8.

[8] Mayor of London (2008) ibid.

[9] City of Copenhagen (2009) ibid.

[10] Jan Gehl and Lars Gemzøe, *Public Spaces Public Life, Copenhagen* (Copenhagen: The Danish Architectural Press and The Royal Danish Academy of Fine Arts School of Architecture Publishers (1996), 3rd ed. 2004): 59.

[11] Jan Gehl, Lars Gemzøe, Sia Kirknæs, Britt Sternhagen, *New City Life* (Copenhagen: The Danish Architectural Press 2006).

[12] 1968-study: Jan Gehl, "Mennesker til fods", *Arkitekten*, no. 20 (1968): 429-446. 1986-study: Karin Bergdahl, Jan Gehl & Aase Steensen, "Byliv 1986. Bylivet i Københavns indre by brugsmønstre og udviklingsmønstre 1968–1986", *Arkitekten,* special ed. no. 12 (1987). 1995-study: Jan Gehl and Lars Gemzøe (2004) ibid. 2005-study: Jan Gehl, Lars Gemzøe, Sia Kirknæs, Britt Sternhagen (2006) ibid.

[13] City of Melbourne and Gehl Architects, *Places for People* (Melbourne: City of Melbourne 2004).

[14] Unpublished data from Gehl Architects.

[15] City of Melbourne and Gehl Architects (2004) ibid.

[16] Ibid.

[17] Jan Gehl, "Public Spaces for a Changing Public Life", *Topos: European Landscape Magazine,* no. 61 (2007): 16-22.

[18] Ibid.

[19] On 'life between buildings', see: Jan Gehl, *Life Between Buildings* (1971) 6th. ed. (Washington DC: Island Press 2010).

[20] The City of New York and Mayor Michale R. Blomberg (2007) ibid.

[21] Gehl Architects unpublished data.

[22] Carolyne Larrington, tr., *The Poetic Edda* (Oxford: Oxford University Press 1996).

[23] Jan Gehl and Lars Gemzøe (2004) ibid.

[24] Jane Jacobs (1961) ibid.

第2章

[1] Edward T. Hall, *The Silent Language* (New York: Anchor Books/ Doubleday (1959) 1990). Edward T. Hall, *The Hidden Dimension* (Garden City, New York: Doubleday 1966).

[2] Edward T. Hall (1966), ibid. Also see Jan Gehl, *Life Between Buildings* (1971) 6th ed. (Washington DC: Island Press 2010): 63-72 about "Senses, Communication, and Dimensions".

[3] Jan Gehl, *Life Between Buildings* (1971) 6th ed. (Washington DC: 2010): 64-67.

[4] Ibid.

[5] Allan R. Tilley and Henry Dreyfuss Associates, *The Measure of Man and Woman. Human Factors in Design*, revised edition (New York: John Wiley & Sons 2002).

[6] Ibid.

[7] See illustrated experiment of distances p. 40.

[8] Jan Gehl, *Life Between Buildings* (1971) 6th ed. (Washington DC 2010): 69-72

[9] Edward T. Hall (1966) ibid.

[10] Ibid.

第3章

[1] Approximate values based on information from Bo Grönlund, The Royal Academy of Fine Arts School of Architecture, Copenhagen.

[2] See also Camilla Richter-Friis van Deurs, *uderum udeliv* (Copenhagen: The Royal Danish Academy of Fine Arts School of Architecture Publishers 2010). Jan Gehl, "Soft Edges in Residential Streets", *Scandinavian Housing and Planning Research* 3 (1986): 89-102.

[3] Jan Gehl, "Mennesker til fods", *Arkitekten*, no. 20 (1968). The numbers have been tested in 2008 with comparable conclusions

[4] Jan Gehl (1986) ibid.

[5] Ibid.

[6] Jan Gehl, "Public Spaces for a Changing Public Life", *Topos*, no. 61 (2007): 16-22.

[7] Ibid.

[8] Miloš Bobić, *Between the Edges. Street Building Transition as Urbanity Interface* (Bussum, the Netherlands: Troth Publisher Bussum 2004).

[9] Michael Varming, *Motorveje i landskabet* (Hørsholm: Statens Byggeforsknings Institut, SBi, byplanlægning, 12, 1970).

[10] Jan Gehl, "Close Encounters with Buildings", *Urban Design International*, no. 1 (2006): 29-47. First published in Danish: Gehl, Jan, L. J. Kaefer, S. Reigstad, "Nærkon-

takt med huse", *Arkitekten,* no. 9 (2004): 6-21.
11. Gehl, Jan (2006) ibid.
12. Jan Gehl, *Public Spaces and Public Life in Central Stockholm* (Stockholm: City of Stockholm 1990).
13. Jan Gehl (2006) ibid.
14. Jan Gehl, conversation with Ralph Erskine.
15. Jan Gehl, *The Interface Between Public and Private Territories in Residential Areas* (Melbourne: Department of Architecture and Building, University of Melbourne 1977).
16. Ibid.
17. Jan Gehl (1986) ibid.
18. Camilla van Deurs, "Med udkig fra altanen: livet i boligbebyggelsernes uderum anno 2005", *Arkitekten,* no. 7 (2006): 73-80.
19. Aase Bundgaard, Jan Gehl and Erik Skoven, "Bløde kanter. Hvor bygning og byrum mødes", Arkitekten, no. 21 (1982): 421-438.
20. Camilla van Deurs (2006) ibid.
21. Christopher Alexander, *A Pattern Language: Towns, Buildings, Constructions* (New York: Oxford University Press 1977): 600.
22. Camilla Damm van Deurs and Lars Gemzøe, "Gader med og uden biler", *Byplan,* no. 2 (2005): 46-57.
23. Jane Jacobs, *The Death and Life of Great American Cities. The Failure of Townplanning* (New York: Random House 1961).
24. Jan Gehl, Lars Gemzøe, Sia Kirknæs, Britt Sternhagen, *New City Life* (Copenhagen: The Danish Architectural Press 2006): 28.
25. Ibid.
26. Bo Grönlund, "Sammenhænge mellem arkitektur og kriminalitet", *Arkitektur der forandrer,* ed. Niels Bjørn (Copenhagen: Gads Forlag 2008): 64-79. Thorkild Ærø and Gunvor Christensen, *Forebyggelse af kriminalitet i boligområder* (Hørsholm: Statens Byggeforsknings Institut 2003).
27. Oscar Newman, *Defensible Space. Crime Prevention Through Urban Design* (New York: Macmillan 1972).
28. Peter Newman and Jeffrey Kenworthy, *Sustainability and Cities - Overcomming Automobile Dependency* (Washington: Island Press 1999).
29. Peter Newman and Timothy Beatly, *Reclient Cities. Responding to Peak Oil and Climate Changes* (Washington DC: Island Press 2009).
30. City of Copenhagen, *Copenhagen City of Cyclists - Bicycle Account 2008* (Copenhagen: City of Copenhagen 2009).
31. Illustrations based on accumulated numbers from 2000-2007. World Health Organization, *World Health Statistics 2009* (France: World Health Organization 2009).
32. World Health Organization, *World Health Statistics 2009* (France: World Health Organization 2009).
33. Centers for Disease Control and Prevention: www.cdc.gov/Features/ChildhoodObesity (21.01.2009).
34. Numbers from Worlds Health Organization (2009) ibid.
35. See Chanam Lee and Anne Vernez Moudon, "Neighbourhood Design and Physical Activity", *Building Research & Information* (London: Routledge 36:5, 2008):

395-411.

第4章

[1] Jan Gehl, "Mennesker til fods", *Arkitekten*, no. 20 (1968): 429-446. Walking speed on Strøget tested in 2008 with comparable results.

[2] Peter Bosselmann, *Representation of places. - Reality and Realism in City Design* (Berkeley, CA: University of California Press 1998).

[3] Gehl Architects, *Towards a Fine City for People. Public Spaces and Public Life – London 2004* (London: Transport for London 2004). New York City Department of Transportation, *World Class Streets: Remaking New York City's Public Realm* (New York: New York City Department of Transportation 2008). Gehl Architects, *Public Spaces, Public Life. Sydney 2007* (Sydney: City of Sydney 2007).

[4] William H. Whyte, quoted several places here at Project for Public Spaces (PPS). William H. Whyte has been the mentor for PPS: pps.org/info/placemakingtools/placemakers/wwhyte (08.02.2010). Also see John J. Fruin, *Designing for Pedestrians. A level of service concept* (Department of Transportation, Planning and Engineering, Polytechnic Institute of Brooklyn 1970): 51.

[5] Gehl Architects (London: 2004) ibid.

[6] Gehl Architects, *Public Spaces and Public Life. City of Adelaide 2002* (Adelaide: City of Adelaide 2002).

[7] Gehl Architects (Sydney: 2007) ibid.

[8] Jan Gehl (1968) ibid. Tested in 2008 with comparable conclusions.

[9] Jan Gehl, *Public Space. Public Life in Central Stockholm 1990* (Stockholm: City of Stockholm 1990).

[10] Jan Gehl, *Stadsrum & stadsliv i Stockholms city* (Stockholm: Stockholms Fastighetskontor and Stockholms Stadsbyggnadskontor 1990).

[11] William H. Whyte, *The Social Life of Small Urban Spaces*, film produced by The Municipal Art Society (New York 1990).

[12] See Jan Gehl, "Soft edges in residential streets", *Scandinavian Housing and Planning Research* 3, (1986): 89-102. Jan Gehl, *Stadsrum & Stadsliv i Stockholms City* (Stockholm: Stockholms Fastighetskontor. Stockholms Stadsbyggnadskontor 1991). Jan Gehl, "Close encounters with buildings", *Urban Design International*, no. 1 (2006): 29-47. Camilla van Deurs, "Med udkig fra altanen: livet i boligbebyggelsernes uderum anno 2005", *Arkitekten*, no. 7 (2006): 73-80.

[13] Philadelphia data: unpublished data, Gehl Arhcitects. Perth data: Gehl Architects, *Perth 2009. Public Spaces & Public Life* (Perth: City of Perth 2009): 47. Stockholm data: unpublished data, Gehl Architects. Copenhagen data: Jan Gehl, Lars Gemzøe, Sia Kirknæs, Britt Sternhagen, *New City Life*, (Copenhagen: The Danish Architetural Press 2006): 41. Melbourne data 1993, 2004: City of Melbourne and Gehl Architects, *Places for People. Melbourne 2004* (Melbourne: City of Melbourne 2004): 32. 2009 numbers from Parks and Urban Design, City of Melbourne.

[14] Jan Gehl, Lars Gemzøe, Sia Kirknæs, Britt Sternhagen (2006) ibid. City of Melbourne and Gehl Architects (2004) ibid.
[15] *Environmental Engineering*, ed. Joseph A. Salvato, Nelson L. Nemerow og Franklin J. Agardy, Hoboken (New Jersey: John Wiley and Sons 2003).
[16] Jan Gehl et al., "Studier i Burano", *Arkitekten*, no. 18 (1978).
[17] Gehl Architects (London 2004): ibid. Gehl Architects (Sydney 2007) ibid. New York City Department of Transportation (2008) ibid.
[18] Camillo Sitte, *The Art of Building Cities* (Westport, Conneticut: Hyperion Press reprint 1979 of 1945 version). Originally published in German: Camillo Sitte, *Der Städtebau – künstlerischen Grundsätzen* (Wien: Verlag von Carl Graeser 1889).
[19] Peter Bosselmann et al., *Sun, Wind, and Comfort. A Study of Open Spaces and Sidewalks in Four Downtown Areas* (Environmental Simulation Laboratory, Institute of Urban and Regional Development, College of Environmental Design, University of California, Berkeley 1984): 19-23.
[20] Inger Skjervold Rosenfeld, "Klima og boligområder", *Landskap*, vol. 57, no. 2 (1976): 28-31.
[21] Peter Bosselmann, *The Coldest Winter I Ever Spent. The Fight for Sunlight in San Francisco* (documentary), producer: Peter Bosselmann 1997.
[22] On the case of San Francisco, see: Peter Bosselmann et al. (1984) ibid. Peter Bosselmann, *Urban Transformation* (Washington DC: Island Press 2008).
[23] William H. Whyte, *City: Rediscovering the Center* (New York: Doubleday 1988).
[24] The City of New York and Mayor Michael R. Bloomberg, *Plan NYC. A Greener, Greater New York* (New York: The City of New York 2007).
[25] Numbers provided by City of Copenhagen.
[26] City of Copenhagen, *Copenhagen City of Cyclists - Bicycle Account 2006* (Copenhagen: City of Copenhagen 2006).
[27] Eric Britton and Associates, *Vélib. City Bike Strategies. A New Mobility Advisory Brief* (Paris: Eric Britton and Associates, November 2007).

第5章

[1] Public space public life studies, Copenhagen: 1968: Jan Gehl, "Mennesker til fods", *Arkitekten*, no. 20 (1968): 429-446. 1986-study: Karin Bergdahl, Jan Gehl & Aase Steensen, "Byliv 1986. Bylivet i Københavns indre by brugsmønstre og udviklingsmønstre 1968–1986", *Arkitekten*, special ed. (1987). 1995-study: Jan Gehl and Lars Gemzøe, *Public Spaces – Public Life* (Copenhagen, The Danish Architectural Press and The Royal Danish Academy of Fine Arts School of Architecture Publishers (1996), 3rd ed. 2004). 2005-study: Jan Gehl, Lars Gemzøe, Sia Kirknæs, Britt Sternhagen, *New City Life* (Copenhagen: The Danish Architectural Press 2006).
[2] Data in illustration from: Gehl Architects, *City to waterfront - Wellington October 2004. Public Spaces and Public Life Study* (Wellington:

City of Wellington 2004). Gehl Architects, *Downtown Seattle Public Space & Public Life* (Seattle: International Sustainability Institute 2009). Gehl Architects, *Public Spaces, Public Life. Sydney 2007* (Sydney: City of Sydney 2007). Gehl Architects, *Stockholmsförsöket och stadslivet i Stockholms innerstad* (Stockholm: City of Stockholm 2006). Gehl Architects, *Public Spaces, Public Life. Perth 2009* (Perth: City of Perth 2009). New York City, Department of Transportation (DOT), *World Class Streets* (New York: DOT 2009). Gehl Architects, *Towards a Fine City for People. Public Spaces and Public Life - London 2004* (London: Transport for London 2004). City of Melbourne and Gehl Architects, *Places for People. Melbourne 2004* (City of Melbourne 2004). Jan Gehl, Lars Gemzøe, Sia Kirknæs, Britt Sternhagen (2006) ibid.

3. Several of the projects can be downloaded at www.gehlarchitects.dk.

4. Jan Gehl and Lars Gemzøe (2004) ibid. : 62.

第6章

1. *The endless city : The Urban Age Project by the London School of Economics and Deutsche Bank's Alfred Herrhausen Society*, ed. Ricky Burdett and Deyan Sudjic (London: Phaidon 2007): 9.

2. Population Division of Economic and Social Affairs, United Nations Secretariat, "The World of Six Billion", United Nations 1999, p. 8. www.un.org/esa/population/publications/sixbillion/sixbilpart1.pdf.

3. Ibid.

4. ed. Ricky Burdett and Deyan Sudjic (London: Phaidon 2007) ibid.

5. Mahabubul Bari and Debra Efroymson, *Dhaka Urban transport project's. After project report: a critical review* (Dhaka: Roads for People, WBB Trust, April 2006). Mahabubul Bari and Debra Efroymson, *Improving Dhaka's Traffic Situation: Lessons from Mirpur Road* (Dhaka: Roads for People February 2005).

6. Enrique Peñalosa, "A dramatic Change towards a People City - the Bogota Story", keynote adress presented at the conference *Walk 21 - V Cities For People*, June 9–11 2004, Copenhagen, Denmark.

7. Barbara Sourthworth, "Urban Design in Action: the City of Cape Town's Dignified Places Programme - Implementation of New Public Spaces towards Integration and Urban Regeneration in South Africa", *Urban Design International*, no. 8 (2002): 119-133.

8. Unpublished interview with Ralph Erskine as part of the documentary: Lars Oxfeldt Mortensen, *Cities for People*, a nordic coproduction DR, SR, NRK, RUV, YLE 2000.

参考文献

Alexander, Christopher. *A Pattern Language: towns, buildings, constructions*. New York: Oxford University Press, 1977.

Bari, Mahabubul and Efroymson, Debra. *Dhaka Urban transport project's. After project report: a critical review*. Roads for People, WBB Trust, April 2006. Bari, Mahabubul and Efroymson, Debra. *Improving Dhaka's traffic situation: lessons from Mirpur Road*. Dhaka: Roads for People, February, 2005.

Bobić, Miloš. *Between the edges. Street Building transition as urbanity interface*. Bussum, the Netherlands: Troth Publisher Bussum, 2004.

Bosselmann, Peter. *The coldest winter I ever spent. The fight for sunlight in San Francisco*, (documentary), producer: Peter Bosselmann, 1997.

Bosselmann, Peter. *Representation of places. - Reality and realism in city design*. Berkeley, CA: University of California Press, 1998.

Bosselmann, Peter et al. *Sun,* wind, *and comfort. A study of open spaces and sidewalks in four downtown areas*. Environmental Simulation Laboratory, Institute of Urban and Regional Development, College of Environmental Design, University of California, Berkeley, 1984.

Peter Bosselmann. *Urban transformation*. Washington DC: Island Press, 2008.

Britton, Eric and Associates. *Vélib. City bike strategies. A new mobility advisory brief*. Paris: Eric Britton and Associates, November, 2007.

Centers for Disease Control and Prevention: www.cdc.gov/Features/ChildhoodObesity (21.01.2009).

City of Copenhagen. *Bicycle account 2006*. Copenhagen: City of Copenhagen, 2006.

City of Copenhagen. *Copenhagen city of cyclists - Bicycle account 2008*. Copenhagen: City of Copenhagen, 2009.

City of Melbourne and Gehl Architects. *Places for people*. Melbourne: City of Melbourne, 2004.

The City of New York and Mayor Michael R. Bloomberg. *Plan NYC. A greener, greater New York*. New York: The City of New York and Mayor Michael R. Bloomberg, 2007.

Le Corbusier. *Propos d'urbanisme*. Paris: Éditions Bouveillier et Cie., 1946. In English: Le Corbusier, Clive Entwistle, *Concerning town planning*. New Haven: Yale University Press, 1948.

van Deurs, Camilla Damm. "Med udkig fra altanen: livet i boligbebyggelsernes uderum anno 2005." *Arkitekten*, no. 7 (2006): 73-80.

van Deurs, Camilla Damm and Lars Gemzøe. "Gader med og uden biler." *Byplan*, no. 2 (2005): 46-57.

van Deurs, Camilla Richter-Friis. *uderum udeliv*. Copenhagen: The Royal Danis Academy of Fine Arts School of Architecture Publishers (2010).

Dreyfuss, Henry Associates and A. R. Tilley. *The measure of man and woman. Human factors in design*. revised edition. New York: John Wiley & Sons, 2002.

The endless city: The Urban Age Project. by the London School of Economics and Deutsche Bank's Alfred Herrhausen Society, ed. Ricky Burdett and Deyan Sudjic. London: Phaidon, 2007.

Environmental engineering, ed. Joseph A. Salvato, Nelson L. Nemerow, and Franklin J. Agardy, Hoboken. New Jersey: John Wiley and Sons, 2003.

Fruin, John J. *Designing for pedestrians. A level of service concept*. Department of Transportation, Planning and Engineering, Polytechnic Institute of Brooklyn, 1970.

Gehl Architects: www.gehlarchitects.dk.

Gehl Architects. *City to waterfront - Wellington October 2004. Public spaces and public life study*. Wellington: City of Wellington, 2004.

Gehl Architects. *Downtown Seattle public space & public life*. Seattle: International Sustainabilty Institute, 2009.

Gehl Architects. *Perth 2009. Public spaces & public life*. Perth: City of Perth, 2009.

Gehl Architects. *Public spaces and public life. City of Adelaide 2002*. Adelaide: City of Adelaide, 2002.

Gehl Architects. *Public spaces, public life. Sydney 2007*. Sydney: City of Sydney, 2007.

Gehl Architects. *Stockholmsförsöket och stadslivet i Stockholms innerstad*. Stockholm: Stockholm Stad, 2006.

Gehl Architects. *Towards a fine city for people. Public spaces and public life - London 2004*. London: Transport for London, 2004.

Gehl, Jan. "Close encounters with buildings." *Urban Design international*, no. 1, (2006): 29-47. First published in Danish: Gehl, Jan, L. J. Kaefer, S. Reigstad. "Nærkontakt med huse." *Arkitekten*, no. 9, (2004): 6-21.

Gehl, Jan. *Life Between Buildings*. (1971), Washington DC: Island Press, 2010.

Gehl, Jan. "Mennesker til fods." *Arkitekten*, no. 20 (1968): 429-446.

Gehl, Jan Gehl. *Public Spaces and public life in central Stockholm*. Stockholm: City of Stockholm, 1990.

Gehl, Jan. "Public spaces for a changing public life." *Topos: European Landscape Magazine*, no. 61, (2007): 16-22.

Gehl, Jan. "Soft edges in residential streets." *Scandinavian Housing and Planning Research* 3, (1986): 89-102.

Gehl, Jan et al. "Studier i Burano." special ed. *Arkitekten*, no. 18, (1978).

Gehl, Jan. *The interface between public and private territories in residential areas*. Melbourne: Department of Architecture and Building, University of Melbourne, 1977.

Gehl, Jan, K. Bergdahl, and Aa. Steensen. "Byliv 1986. Bylivet i Københavns indre by brugsmønstre og udviklingsmønstre 1968 - 1986." *Arkitekten*, special print, Copenhagen: 1987.

Gehl, Jan, Aa. Bundgaard, and E. Skoven. "Bløde kanter. Hvor bygning og byrum mødes." *Arkitekten*, no. 21, (1982): 421-438.

Gehl, Jan, L. Gemzøe, S. Kirknæs, and B. Sternhagen. *New city life*. Copenhagen: The Danish Architectural Press, 2006.

Gehl, Jan and L. Gemzøe. *Public spaces public life Copenhagen*. Copenhagen: Danish Architectural Press and The Royal Danish Academy of Fine Arts School of Architecture Publishers (1996), 3rd ed., 2004.

Grönlund, Bo. "Sammenhænge mellem arkitektur og kriminalitet." *Arkitektur der forandrer*, ed. Niels Bjørn, Copenhagen: Gads Forlag, 2008: 64-79.

Hall, Edward T. *The silent language* (1959). New York: Anchor Books/Doubleday, 1990.

Hall, Edward T. *The hidden dimension*. Garden City, New York: Doubleday, 1966.

Jacobs, Jane. *The death and life of great American cities*. New York: Random House, 1961.

Larrington, Carolyne, tr. *The poetic edda*. Oxford: Oxford University Press, 1996.

Chanam, Lee and Anne Vernez Moudon. "Neighbourhood design and physical activity." *Building Research & Information* 36(5), Routledge, London (2008): 395-411.

Mayor of London, Transport for London. *Central London. Congestion Charging. Impacts monitoring. Sixth Annual Report, July 2008*. London: Transport for London, 2008.

Mortensen, Lars O. *Livet mellem husene/Life Between buildings*, documentary, nordic coproduction DR, SR, NRK, RUV, YLE, 2000.

Newman, Peter and T. Beatley. *Recilient cities. Responding to peak oil and climate change*. Washington DC: Island Press, 2009.

Newman, Peter and Jeffrey Kenworthy. *Sustainability and Cities – Overcoming Automobile Dependency*. Washington: Island Press, 1999.

New York City Department of Transportation. *World class streets: remaking New York City's public realm*. New York: New York City Department of Transportation, 2008.

Newman, Oscar. *Defensible space. Crime prevention through urban design*. New York: Macmillan, 1972.

Peñalosa, Enrique. "A dramatic change towards a people city - the Bogota story.", keynote adress presented at the conference *Walk 21 - V Cities for people*, June 9-11, 2004, Copenhagen, Denmark.

Population Division of Economic and Social Affairs. United Nations Secretariat: "The World of Six Billion", United Nations (1999) www.un.org/esa/population/publications/sixbillion/sixbilpart1.pdf.

Rosenfeld, Inger Skjervold. "Klima og boligområder." *Landskap*, Vol. 57, no. 2, (1976): 28-31.

Sitte, Camillo. *The art of building cities*. Westport, Conneticut: Hyperion Press, reprint 1979 of 1945 version. First published in German: Camillo Sitte. *Der Städtebau – künstlerischen Grundsätzen*. Wien: Verlag von Carl Graeser, 1889.

Statistics Denmark, 2009 numbers, statistikbanken.dk.

Sourthworth, Barbara. "Urban design in action: the city of Cape Town's dignified places programme - implementation of new public spaces towards integration and urban regeneration in South Africa." *Urban Design International* 8, (2002): 119-133.

Varming, Michael. *Motorveje i landskabet*. Hørsholm: Statens Byggeforsknings Institut, SBi, byplanlægning, 12, 1970.

Whyte, William H. *City: Rediscovering the center*. New York: Doubleday, 1988.

Whyte, William H. *The Social Life of Small Urban Spaces*. Film produced by The Municipal Art Society of New York, 1990.

Whyte, William H. quoted from web site of Project for Public Spaces: pps.org/info/placemakingtools/placemakers/wwhyte (08.02.2010).

World Health Organization. *World Health Statistics 2009*. France: World Health Organization, 2009.

Ærø, Thorkild and G. Christensen. *Forebyggelse af kriminalitet i boligområder*. Hørsholm: Statens Byggeforsknings Institut, 2003.

插图与图片

插图

Le Corbusier, p. 4
Camilla Richter-Friis van Deurs, remaining illustrations

照片

Tore Brantenberg, p. 64 middle, p. 131 above
Adam Brendstrup, p. 110 middle
Byarkitektur, Århus Kommune, p. 16 above left
Birgit Cold, p. 32 middle
City of Malmø, p. 201 above right
City of Melbourne, p. 178 above middle, above right, below left and right, p. 179, below left.
City of Sydney, p. 98 above right.
Department of Transportation, New York City, p. 11 below, left and right, p. 190
Hans H. Johansen, p. 208 middle
Troels Heien, p. 10 middle
Neil Hrushowy, p. 8 middle
Brynjólfur Jónsson, p. 51 below
HafenCity, chapter 5 start.
Heather Josten, p. 208 below
Peter Schulz Jørgensen, p. 28 above left
Jesper Kirknæs, p. 212-213.
Gösta Knudsen, p. 16 above right
Paul Moen, p. 69 below right
Kian Ang Onn, p. 54 above right
Naja Rosing-Asvid, p. 160 middle
Paul Patterson, p. 98 above right
Project for Public Spaces, p. 17 below
Solvejg Reigstad, p. 154 below, p. 166 below
Jens Rørbech, p. 12 above left, p. 22 above left
Ole Smith, p. 100 above left
Shaw and Shaw, p. 15 below left and right
Barbara Southworth, p. 225, p. 226 above right
Michael Varming, p. 206 above left
Bjarne Vinterberg, p. 92 above

Jan Gehl and **Gehl Architects**, remaining photos